Epigenetica per Intermedi

L'esplorazione più completa dell'impatto pratico, sociale ed etico del DNA sulla nostra società e sul nostro mondo

Genetica Moderna

La riproduzione, la trasmissione e la duplicazione di qualsiasi contenuto trovato qui, compresa qualsiasi informazione specifica o estesa, sarà fatta come un atto illegale indipendentemente dalla forma finale che l'informazione prende. Questo include le versioni copiate dell'opera, sia fisiche che digitali e audio, a meno che il consenso esplicito dell'Editore sia fornito in anticipo. Ogni altro diritto è riservato.

Inoltre, le informazioni che si possono trovare all'interno delle pagine descritte qui di seguito devono essere considerate sia accurate che veritiere quando si tratta di raccontare i fatti. Come tale, qualsiasi uso, corretto o scorretto, delle informazioni fornite renderà l'editore libero da responsabilità per quanto riguarda le azioni intraprese al di fuori della sua diretta competenza. Indipendentemente da ciò, non ci sono scenari in cui l'autore originale o l'editore possono essere ritenuti responsabili in qualsiasi modo per eventuali danni o difficoltà che possono derivare da una qualsiasi delle informazioni discusse nel presente documento.

Inoltre, le informazioni contenute nelle pagine seguenti sono intese solo a scopo informativo e devono quindi essere considerate come universali. Come si addice alla sua natura, sono presentate senza garanzia della loro validità prolungata o della loro qualità provvisoria. I marchi di fabbrica che sono menzionati sono fatti senza consenso scritto e non possono in alcun modo essere considerati un'approvazione da parte del titolare del marchio.

Capitolo uno

Informazioni sull'epigenetica

In biologia, l'epigenetica è lo studio dei cambiamenti fenotipici ereditabili che non coinvolgono alterazioni nella sequenza del DNA. Il prefisso greco epi- over, outside of, around") in epigenetica implica caratteristiche che sono "sopra" o "in aggiunta" alla tradizionale base genetica dell'eredità. L'epigenetica coinvolge più spesso i cambiamenti che influenzano l'attività e l'espressione genica, ma il termine può anche essere usato per descrivere qualsiasi cambiamento fenotipico ereditabile. Tali effetti sui tratti fenotipici cellulari e fisiologici possono derivare da fattori esterni o ambientali, o essere parte del normale sviluppo. La definizione standard di epigenetica richiede che queste alterazioni siano ereditabili nella progenie di cellule o organismi.

Il termine si riferisce anche ai cambiamenti stessi: cambiamenti funzionalmente rilevanti al genoma che non coinvolgono un cambiamento nella sequenza nucleotidica. Esempi di meccanismi che producono tali cambiamenti sono la metilazione del DNA e la modifica degli istoni, ognuno dei quali altera il modo in cui i geni sono espressi senza alterare la sequenza del DNA sottostante. L'espressione genica può essere controllata attraverso l'azione di proteine repressori che si attaccano a regioni silenziatrici del DNA. Questi cambiamenti epigenetici possono durare attraverso le divisioni cellulari per

tutta la durata della vita della cellula, e possono anche durare
per più generazioni, anche se non comportano cambiamenti
nella sequenza del DNA sottostante dell'organismo; invece,
fattori non genetici fanno sì che i geni dell'organismo si
comportino (o "si esprimano") in modo diverso.

Un esempio di cambiamento epigenetico nella biologia
eucariotica è il processo di differenziazione cellulare. Durante la
morfogenesi, le cellule staminali totipotenti diventano le varie
linee cellulari pluripotenti dell'embrione, che a loro volta
diventano cellule completamente differenziate. In altre parole,
mentre una singola cellula uovo fecondata - lo zigote - continua
a dividersi, le cellule figlie risultanti si trasformano in tutti i
diversi tipi di cellule di un organismo, tra cui neuroni, cellule
muscolari, epitelio, endotelio dei vasi sanguigni, ecc, attivando
alcuni geni e inibendo l'espressione di altri.

Storicamente, anche alcuni fenomeni non necessariamente
ereditabili sono stati descritti come epigenetici. Per esempio, il
termine "epigenetico" è stato usato per descrivere qualsiasi
modifica delle regioni cromosomiche, specialmente le modifiche
degli istoni, indipendentemente dal fatto che questi
cambiamenti siano ereditabili o associati a un fenotipo. La
definizione di consenso ora richiede che un tratto sia ereditabile
per essere considerato epigenetico.

Il termine epigenetica nel suo uso contemporaneo è emerso negli anni '90, ma per alcuni anni è stato usato con significati piuttosto variabili. Una definizione consensuale del concetto di tratto epigenetico come "un fenotipo stabilmente ereditabile risultante da cambiamenti in un cromosoma senza alterazioni nella sequenza del DNA" è stata formulata in una riunione di Cold Spring Harbor nel 2008, anche se definizioni alternative che includono tratti non ereditabili sono ancora in uso.

Il termine epigenesi ha un significato generico di "crescita extra", ed è stato usato in inglese dal XVII secolo.

Psicologia dello sviluppo

In un contesto un po' diverso dal suo uso nelle scienze biologiche, la parola "epigenetica" è stata spesso usata in psicologia dello sviluppo per definire la crescita psicologica come un prodotto di una costante interazione bidirezionale tra ereditarietà e ambiente. Le teorie interattive sulla creazione sono state esplorate in numerosi modi e sotto molteplici titoli nei secoli XIX e XX. Una prima edizione, tra le affermazioni fondanti dell'embriologia, fu suggerita da Karl Ernst von Baer e resa popolare da Ernst Haeckel. Paul Wintrebert ha sviluppato un sogno epigenetico progressivo (epigenesi fisiologica). Un'altra forma, l'epigenesi probabilistica, è stata descritta nel 2003 da Gilbert Gottlieb. Questa prospettiva copre tutti i potenziali effetti evolutivi sull'organismo e come questi influenzano non solo l'organismo e gli altri, ma anche come l'organismo influenza la propria crescita.

Erik Erik Erikson, uno psicologo dello sviluppo, ha scritto sul concetto epigenetico nel suo libro del 1968 Identità: Youth and Crisis, che incorpora l'idea che cresciamo attraverso l'evoluzione della nostra personalità in fasi fisse, e che la nostra atmosfera e la società sottostante influenzano il modo in cui avanziamo attraverso queste fasi. Questa evoluzione biologica in relazione ai nostri ambienti socio-culturali avviene a livello di progressione psicosociale, dove "il progresso in ogni livello è parzialmente deciso dal nostro rendimento o mancanza di successo in tutte le fasi precedenti". Mentre gli esperimenti empirici hanno prodotto risultati diversi, si ritiene che i cambiamenti epigenetici siano un fattore biologico scatenante del trauma transgenerazionale.

Base molecolare

I cambiamenti epigenetici influenzano la funzione di altri geni, ma non la catena del codice genetico del DNA. La microstruttura (non il codice) del DNA stesso o le relative proteine della cromatina possono essere cambiate, con conseguente attivazione o silenziamento. Questo processo permette alle cellule segregate in un organismo multicellulare di produrre solo i geni richiesti per la propria attività. Le variazioni epigenetiche vengono mantenute quando le cellule si separano. Alcune modifiche epigenetiche sorgono solo nel corso della vita di un organismo adulto; tuttavia, questi cambiamenti epigenetici possono essere passati ai discendenti dell'organismo attraverso un meccanismo chiamato eredità epigenetica transgenerazionale. Infatti, se l'inattivazione del gene avviene in uno spermatozoo o in una cellula uovo che risulta nella fecondazione, questa alterazione epigenetica può spesso essere passata alla generazione successiva.

Diversi meccanismi epigenetici includono la parametrazione, il bookmarking, l'imprinting, il silenziamento genico, l'inattivazione del cromosoma X, l'influenza del posizionamento, la riprogrammazione della metilazione del DNA, la trasvezione, i risultati materni, l'avanzamento nella carcinogenesi, un'ampia varietà di effetti teratogeni, il controllo degli istoni e dell'eterocromatina e i vincoli tecnologici riguardanti la partenogenesi e la clonazione.

Danno al DNA

I danni al DNA possono anche indurre cambiamenti epigenetici.[25][26][27] I danni al DNA sono molto normali, e si verificano in media circa 60.000 volte al giorno per ogni cellula del corpo umano (vedi danni al DNA (che si verificano naturalmente). Questi danni sono per lo più rimediati, ma le modifiche epigenetiche possono rimanere nel sito di riparazione del DNA. In particolare, una scissione del DNA a doppio filamento causerà un silenziamento epigenetico non programmato dei geni sia inducendo la metilazione del DNA sia facilitando il silenziamento delle forme di alterazione degli istoni (rimodellamento della cromatina - vedi sezione successiva). Inoltre, l'enzima Parp1 (poli(ADP)-ribosio polimerasi) e il suo componente poli(ADP)-ribosio (PAR) si accumulano nei siti di danno al DNA come parte della fase di riparazione. Tale aggregazione, in effetti, guida il reclutamento e l'attivazione della proteina di rimodellamento della cromatina ALC1 che può indurre il rimodellamento del nucleosoma. È stato dimostrato che il rimodellamento del nucleosoma induce, per esempio, il silenziamento epigenetico del gene di riparazione del DNA MLH1. Le sostanze chimiche dannose per il DNA, come il benzene, l'idrochinone, lo stirene, il tetracloruro di carbonio e il tricloroetilene, causano una notevole ipometilazione del DNA, alcune attraverso l'innesco di vie di stress ossidativo.

Gli alimenti sono noti per cambiare l'epigenetica dei ratti in varie diete. Alcuni componenti alimentari aumentano epigeneticamente la quantità di enzimi di riparazione del DNA, come MGMT e MLH1 e p53. Altri componenti alimentari, come gli isoflavoni di soia, possono ridurre i danni al DNA. In un test, gli indicatori di stress ossidativo, come i nucleotidi modificati che possono derivare dal danno al DNA, sono stati ridotti da una dieta di 3 settimane integrata con la soia. La diminuzione del danno ossidativo al DNA è stata rilevata anche 2 ore dopo il consumo di un estratto di mirtillo ricco di antociani (Vaccinium myrtillius L.).

Tecniche utilizzate per studiare l'epigenetica

Il lavoro epigenetico utilizza un'ampia varietà di metodi biologici molecolari per spiegare meglio i processi epigenetici, tra cui l'immunoprecipitazione della cromatina (insieme alle sue versioni su larga scala ChIP-on-chip e ChIP-Seq), l'ibridazione fluorescente in situ, gli enzimi di restrizione sensibili alla metilazione, il riconoscimento della DNA adenina metiltransferasi (DamID) e il sequenziamento bisolfito. In effetti, l'applicazione della bioinformatica ha un ruolo nell'epigenetica statistica.

Meccanismi Alcune forme di meccanismi di eredità epigenetica possono avere una funzione da svolgere in ciò che è stato riconosciuto come memoria cellulare, ma si noti che non tutti sono ampiamente riconosciuti come esempi di epigenetica.

Variazioni covalenti Variazioni covalenti nel DNA (per esempio metilazione e idrossimetilazione della citosina) o nelle proteine istone (per esempio acetilazione della lisina, metilazione della lisina e dell'arginina, fosforilazione della serina e della treonina, ubiquitinazione della lisina e sumoilazione) giocano un ruolo chiave in alcune forme di eredità epigenetica. Il termine "epigenetica" è spesso usato come sinonimo di tali processi. Tuttavia, questo potrebbe essere ingannevole. Il rimodellamento della cromatina non è necessariamente ereditario, quindi non tutta l'eredità epigenetica include il rimodellamento della cromatina. Nel 2019, un'ulteriore alterazione della lisina è emersa nella letteratura scientifica che mette in relazione il cambiamento epigenetico con il metabolismo cellulare, cioè il DNA di lattazione è accoppiato con le proteine istone per formare la cromatina.

Poiché il fenotipo di una cellula o di una persona è influenzato da quali dei suoi geni sono trascritti, gli stati di trascrizione ereditati possono dare origine a effetti epigenetici. Ci sono molti livelli di controllo dell'espressione genica. Un modo in cui i geni sono controllati è il rimodellamento della cromatina. La cromatina è un complesso di DNA e proteine istone in cui è legato. Se il modo in cui il DNA è avvolto intorno agli istoni cambia, anche l'espressione genica si altera. Il rimodellamento della cromatina avviene tramite due meccanismi primari: il primo è l'alterazione post-traslazionale degli amminoacidi che compongono le proteine istone. Le proteine istone sono costituite da una lunga sequenza di aminoacidi. Quando gli amminoacidi della catena sono alterati, la struttura dell'istone può essere influenzata. Durante la replicazione, il DNA non è completamente srotolato. È anche probabile che gli istoni modificati possano essere aggiunti ad ogni copia fresca del DNA. Da lì, questi istoni serviranno come modelli, innescando nuovi istoni intorno a loro per essere formati in modo diverso.

Cambiando la struttura degli istoni che li circondano, questi istoni modificati garantiranno che il sistema di trascrizione specifico del lignaggio sia mantenuto durante la separazione delle cellule.

Il secondo approccio è quello di attaccare gruppi metilici al DNA, spesso a livello di CpG, per trasformare la citosina in 5-metilcitosina. La 5-metilcitosina ha un'influenza paragonabile alla citosina normale, combinata con la guanina nel DNA a doppio filamento. Tuttavia, alcune parti del genoma sono più metilate di altre, e le regioni fortemente metilate sembrano essere meno coinvolte a livello trascrizionale da un processo che non è ben compreso. La metilazione della citosina può spesso continuare dalla linea germinale di un genitore allo zigote, suggerendo che il cromosoma è trasmesso da un genitore o da un altro (imprinting genetico).

I meccanismi dell'ereditarietà dello stato degli istoni non sono completamente compresi; tuttavia, si sa molto riguardo al meccanismo dell'ereditarietà dello stato di metilazione del DNA durante la divisione e la differenziazione cellulare.
L'ereditabilità del processo di metilazione si basa su altri enzimi (come DNMT1) che hanno una maggiore affinità per la 5-metilcitosina rispetto alla citosina. Quando questo enzima entra in una parte emimetilata di DNA (dove la 5-metilcitosina è in uno solo dei due filamenti di DNA), l'enzima può metilare l'altro componente.

Mentre le regolazioni degli istoni esistono in tutta la catena, le N-termine non strutturate degli istoni (chiamate code degli istoni) sono particolarmente altamente modificate. Tali modifiche coinvolgono acetilazione, metilazione, ubiquitilazione, fosforilazione, sumoilazione, ribosilazione e citrullinazione. L'acetilazione è il più ricercato di tutti i cambiamenti. Per riferimento, l'acetilazione delle lisine K14 e K9 della coda dell'istone H3 da parte degli enzimi istone acetiltransferasi (HAT) è nota per controllare la trascrizione insieme alle deacetilasi istone complementari.

Un modo di pensare è che questa propensione dell'acetilazione ad essere correlata ad una trascrizione "riuscita" è di tipo biofisico. Poiché di solito ha un azoto caricato positivamente sul bordo, la lisina legherà i fosfati di DNA caricati negativamente alla spina dorsale. L'effetto dell'acetilazione trasforma il gruppo amminico caricato positivamente in una connessione ammidica neutra sulla catena laterale. Riduce la carica positiva, allentando così il DNA dell'istone. Quando questo accade, complessi come SWI / SNF e altri fattori trascrizionali possono attaccarsi al DNA e causare la trascrizione. Questo è il modello di ruolo epigenetico "cis". In altri termini, le modifiche alle code degli istoni hanno un chiaro impatto sul DNA stesso.[citazione necessaria] Un altro concetto di ruolo epigenetico è il tipo "trans". Le modifiche alle code degli istoni funzionano indirettamente sul DNA secondo questo schema. Per esempio, l'acetilazione della lisina può stabilire un punto di legame per gli enzimi che modificano la cromatina (o anche per le macchine di trascrizione). Il rimodellatore della cromatina indurrà quindi spostamenti di stato della cromatina. Inoltre, la bromodomain - un dominio proteico che lega specificamente l'acetil-lisina - è presente in diversi enzimi che aiutano ad innescare la trascrizione, tra cui il complesso SWI / SNF. Può essere che l'acetilazione funzioni in questo e nel modo precedente per facilitare l'attivazione trascrizionale.

La convinzione che le modifiche funzionino come moduli di aggancio per variabili simili è confermata anche dalla metilazione degli istoni. La metilazione della lisina 9 dell'istone H3 è stata a lungo correlata alla cromatina costitutivamente silenziosa (eterocromatina costitutiva). È stato stabilito che la cromodomina (un dominio che lega precisamente la metil-lisina) nella proteina trascrizionalmente restrittiva HP1 recluta HP1 nelle regioni metilate K9. Un'illustrazione che sembra contraddire questa ipotesi di metilazione biofisica è che la tri-metilazione dell'istone H3 alla lisina 4 è strettamente correlata con (e necessaria per la piena) attivazione trascrizionale. In questo caso, la tri-metilazione introdurrebbe una carica positiva fissa sulla coda.

È stato dimostrato che l'istone lisina metiltransferasi (KMT) è responsabile di questo processo di metilazione nei modelli degli istoni H3 e H4. Questo enzima richiede un sito cataliticamente attivo chiamato dominio SET (Suppressor of variegation, Enhancer of zest, Trithorax). Il dominio SET è una sequenza di 130 aminoacidi che è attiva nella regolazione dell'espressione genica. È stato dimostrato che questo dominio si lega alla coda dell'istone e induce la metilazione dell'istone.

È probabile che le variazioni degli istoni operino in modi diversi; è probabile che l'acetilazione in una posizione agisca in modo diverso dall'acetilazione in un'altra posizione. Spesso, diversi cambiamenti che si presentano allo stesso tempo e possono funzionare insieme per alterare l'attività del nucleosoma. Il concetto che numerose modifiche complesse controllano la trascrizione dei geni in modo sistematico e riproducibile è chiamato linguaggio degli istoni, mentre la teoria che lo stato degli istoni possa essere interpretato linearmente come un vettore di conoscenza digitale è stata per lo più sfatata. Uno dei meccanismi meglio compresi che orchestrano il silenziamento basato sulla cromatina è il silenziamento basato sulla proteina SIR dei loci di forma di accoppiamento segreta HML e HMR.

La metilazione del DNA avviene anche nelle sequenze ripetitive e serve a inibire la produzione e il movimento degli "elementi trasponibili": poiché la 5-metilcitosina può essere naturalmente deaminata (sostituendo l'azoto con l'ossigeno) in timidina, i siti CpG sono frequentemente mutati e poco comuni nel genoma, in particolare nelle isole CpG dove rimangono non metilati. Così, le modifiche epigenetiche di questo tipo hanno la capacità di guidare i tassi aumentati di mutazione genetica irreversibile. I modelli di metilazione del DNA sono segnalati per essere formati e cambiati in reazione a fattori ambientali attraverso un'interazione dinamica di almeno tre metiltransferasi del DNA separate, DNMT1, DNMT3a e DNMT3B, che sono tutte letali nei topi. DNMT1 è la metiltransferasi più comune nelle cellule somatiche, si localizza ai focolai di replicazione, ha una preferenza di 10-40 volte per il DNA emimetilato e si associa all'antigene nucleare delle cellule proliferanti (PCNA).

Quando altera idealmente il DNA emimetilato, DNMT1 passa i modelli di metilazione a un filamento appena sintetizzato durante la replicazione del DNA ed è quindi indicato anche come metiltransferasi "di mantenimento". DNMT1 è importante per la corretta crescita embrionale, la stampa e l'inattivazione X. Per tentare di evidenziare la distinzione tra questo processo molecolare di eredità e il tradizionale sistema Watson-Crick di base-pairing di trasmissione del materiale genetico, è stata usata la parola 'temperamento epigenetico'. Infatti, per quanto riguarda la conservazione e la diffusione degli stati metilati del DNA, la stessa idea può essere estesa alla conservazione e alla diffusione delle variazioni degli istoni e anche dei sistemi ereditari (strutturali) citoplasmatici.

Gli istoni H3 e H4 possono anche essere regolati dalla demetilazione utilizzando l'istone lisina demetilasi (KDM). Un enzima recentemente identificato ha un sito cataliticamente attivo chiamato dominio Jumonji (JmjC). La demetilazione avviene quando JmjC utilizza diversi cofattori per idrossilare il gruppo metile, distruggendolo. JmjC è in grado di demetilare substrati mono-, di- e tri-metilici.

Le regioni cromosomiche possono adottare stati alternativi stabili ed ereditabili con conseguente espressione genica bistabile senza alterare il codice del DNA. La regolazione epigenetica è anche correlata a spostamenti covalenti alternati negli istoni. Si propone che la coerenza e l'ereditabilità degli stati di regioni cromosomiche più ampie possano richiedere un feedback positivo, poiché i nucleosomi aggiornati impiegano enzimi che alterano anche i nucleosomi vicini. Un modello stocastico più semplice per questa forma di epigenetica può essere trovato qui.

È stato proposto che la modulazione trascrizionale basata sulla cromatina possa essere regolata da piccoli RNA. I piccoli RNA di interferenza possono modulare l'espressione genica trascrizionale attraverso la regolazione epigenetica di promotori selezionati.

Trascrizioni di RNA Una volta che un gene è acceso, trascrive un composto che (direttamente o indirettamente) mantiene la funzione di quel gene. Per esempio, Hnf4 e MyoD promuovono la trascrizione di diversi geni epato-specifici e muscolo-specifici, compreso il proprio, attraverso l'attività di fattore di trascrizione delle proteine che codificano. La segnalazione dell'RNA comporta il reclutamento selettivo della gerarchia di complessi generici che modificano la cromatina e delle metiltransferasi del DNA a particolari loci di RNA durante il differenziamento e la crescita. Molte modifiche epigenetiche sono indotte dallo sviluppo di vari tipi di splice di RNA o dalla creazione di RNA a doppio filamento (RNAi). I discendenti della cellula in cui il gene è stato stimolato manterranno questo comportamento, soprattutto se il segnale iniziale di attivazione del gene non è più presente. Questi geni sono talvolta attivati o disattivati dalla trasduzione del segnale, ma in certi sistemi in cui la sincizia o le giunzioni di gap sono importanti, l'RNA può diffondersi direttamente ad altre cellule o al nucleo attraverso la diffusione. Un volume significativo di RNA e di proteine viene aggiunto allo zigote dalla madre durante l'oogenesi o dalle cellule nutrici, con conseguente fenotipo materno. Una quantità minore di RNA dello sperma viene trasferita dal genitore, ma ci sono prove recenti che questo materiale epigenetico può contribuire a differenze significative in molte generazioni di prole.

MicroRNA I microRNA (miRNA) sono capi di RNA non codificanti che variano in scala da 17 a 25 nucleotidi. I miRNA controllano un'ampia varietà di ruoli biologici nelle piante e negli animali. Circa 2.000 miRNA sono stati rilevati negli esseri umani finora nel 2013, e possono essere trovati online nel database dei miRNA. -- miRNA espresso in una cellula che bersaglio tra 100 e 200 RNA messaggero (mRNA) che deregolamenta. Gran parte del downregulation di mRNAs accade inducendo la degradazione del mRNA desiderato, mentre alcuni downregulation accade al punto di traduzione della proteina.

Circa il 60% dei geni umani che codificano le proteine sembra essere regolato dai miRNA. Gran parte dei miRNA sono regolati epigeneticamente. Circa il 50% dei geni miRNA sono associati a isole CpG, che possono essere soppresse dalla metilazione epigenetica. La codifica delle isole CpG metilate è completamente ed ereditariamente bloccata. Altri miRNA sono regolati epigeneticamente dalla modifica degli istoni o dalla combinazione metilazione del DNA e modifica degli istoni.

MRNA Nel 2011, è stato dimostrato che la metilazione dell'mRNA gioca un ruolo chiave nell'omeostasi energetica umana. Il gene FTO, associato all'obesità, è stato trovato capace di demetilare la N6-metiladenosina nell'RNA.

Gli sRNA sono piccoli (50-250 nucleotidi), strettamente organizzati, frammenti di RNA non codificanti presenti nei batteri. Regolano l'espressione genica, come i geni di virulenza, nei patogeni e sono visti come potenziali obiettivi nella battaglia contro i batteri resistenti ai farmaci. Hanno un ruolo significativo in diversi processi biologici, legati a bersagli di mRNA e proteine nei procarioti. Le loro analisi filogenetiche, ad esempio in base alle interazioni sRNA - mRNA target o alle proprietà di legame delle proteine, sono utilizzate per costruire database dettagliati. Le mappe SRNA-gene sono spesso costruite in funzione dei loro obiettivi nei genomi microbici.

Prioni I prioni sono tipi di proteine contagiose. In generale, le proteine si piegano in unità discrete che eseguono funzioni cellulari distinte, ma alcune proteine sono spesso in grado di creare uno stato conformazionale infettivo noto come prione. Anche se frequentemente usati nel senso di malattie infettive, i prioni sono più ampiamente caratterizzati dalla loro capacità di catalizzare alcune forme native della stessa proteina in uno stato conformazionale infettivo. È in questo modo che possono essere utilizzati come agenti epigenetici in grado di causare una transizione fenotipica senza modificare il genoma.

I prioni fungini sono noti per essere epigenetici poiché il fenotipo contagioso indotto dal prione può essere trasmesso senza alterazione del genoma. PSI+ e URE3, scoperti nel lievito nel 1965 e 1971, sono i due prioni meglio studiati di questo tipo. I prioni possono avere un impatto fenotipico attraverso il sequestro della proteina in aggregati, che diminuisce la funzione dell'enzima. Nelle cellule PSI+, la mancanza della proteina Sup35 (che è coinvolta nella terminazione della traduzione) permette ai ribosomi di avere un più alto tasso di read-through dei codoni di stop, che si traduce nella repressione delle mutazioni senza senso in altri geni. La capacità di Sup35 di legare i prioni può essere una caratteristica conservata. Può garantire un vantaggio adattativo concedendo alle cellule la capacità di trasformarsi in PSI+ e trasmettere caratteristiche genetiche latenti solitamente terminate da mutazioni di codoni di stop.

Variazione strutturale Le cellule geneticamente simili mostrano variazioni ereditate nei modelli di file ciliari sulla loro superficie cellulare nei ciliati come Tetrahymena e Paramecium. I modelli modificati sperimentalmente possono essere trasferiti alle cellule del genitore. Sembra che le strutture esistenti servano da modello per le nuove strutture. Le cause di questa successione rimangono sconosciute, ma ci sono motivi per credere che le specie multicellulari usino architetture cellulari stabilite per costruirne di nuove.

Posizionamento dei nucleosomi I genomi eucarioti hanno nucleosomi multipli. La posizione del nucleosoma non è arbitraria e definisce la sensibilità del DNA alle proteine regolatrici. È stato dimostrato che i promotori che operano in diversi tessuti hanno caratteristiche diverse di posizionamento dei nucleosomi. Questo descrive le variazioni nell'espressione genica e nella differenziazione cellulare. È stato dimostrato che almeno alcuni nucleosomi sono conservati nelle cellule spermatiche (dove la maggior parte ma non tutti gli istoni sono sostituiti da protamine). Pertanto, il posizionamento dei nucleosomi è ereditabile in una certa misura. Gli ultimi studi hanno anche identificato somiglianze tra la posizione dei nucleosomi e altre influenze epigenetiche, come la metilazione del DNA e l'idrossimetilazione.

Funzioni e conseguenze

L'epigenetica dello sviluppo può essere separata in epigenesi predeterminata e probabilistica. L'epigenesi predeterminata è una transizione unidirezionale dalla produzione di base del DNA alla maturazione funzionale della proteina. "Predeterminato" implica che la produzione è pianificata e predeterminata. L'epigenesi probabilistica, d'altra parte, è una produzione bi-direzionale struttura-funzionale di conoscenza e di maturazione verso l'esterno.

L'eredità epigenetica somatica è molto significativa nella produzione di specie eucariotiche multicellulari, specialmente attraverso le modifiche covalenti del DNA e degli istoni e il riposizionamento dei nucleosomi. La sequenza del genoma è simile (con poche eccezioni significative), ma le cellule si dividono in diverse forme specifiche che svolgono varie funzioni e reagiscono in modo diverso all'ambiente e alla segnalazione intercellulare. Pertanto, mentre gli organismi si evolvono, i morfogeni attivano o disattivano i geni in modo epigeneticamente ereditato, fornendo memoria cellulare. Negli esseri umani, la maggior parte delle cellule sono segregate terminalmente, e solo le cellule staminali mantengono la capacità di distinguere tra molte forme di cellule ("totipotenza" e "multipotenza"). Per gli esseri umani, alcune cellule staminali tendono a sviluppare cellule appena formate durante la loro vita, come la neurogenesi, ma gli esseri umani non sono in grado di adattarsi alla distruzione dei tessuti, come la mancata ricostruzione degli arti di cui sono capaci alcune altre specie. I cambiamenti epigenetici governano la trasformazione da cellule staminali neuronali a cellule progenitrici gliali (per esempio, la divisione in oligodendrociti è controllata dalla deacetilazione e metilazione degli istoni). Come i mammiferi, le cellule vegetali non si dividono terminalmente, rimangono totipotenti con la capacità di dare vita a una nuova pianta individuale.

I risultati controversi di una ricerca hanno rivelato che gli eventi stressanti potrebbero generare un'impronta epigenetica che potrebbe essere trasmessa alle generazioni future. I topi sono stati condizionati, usando shock ai piedi, ad odiare il profumo dei fiori di ciliegio. I ricercatori hanno confermato che la prole del topo aveva una maggiore sensibilità a questo particolare

profumo. I ricercatori hanno proposto modifiche epigenetiche
che migliorano l'espressione genica, piuttosto che il DNA stesso,
nel gene M71 che regola l'attività del recettore di odore nel naso
che reagisce direttamente al profumo di fiori di ciliegio.
Modifiche esterne associate all'attività olfattiva (odore) sono
sorte anche nel cervello dei topi educati e della loro prole. Sono
state identificate diverse critiche, tra cui la scarsa forza statistica
dell'analisi come prova di qualsiasi irregolarità, come il
pregiudizio nella registrazione dei dati. Secondo le limitazioni
della dimensione del campione, c'è la probabilità che il risultato
non sia statisticamente significativo anche se si verifica. La
critica ha indicato che la probabilità che tutti i test pubblicati
produrrebbero risultati positivi se si adottasse la stessa
procedura, se si verificassero i presunti effetti, è solo dello 0,4
per cento. Gli autori inoltre non hanno detto quali topi erano
fratelli e hanno considerato entrambi i topi come statisticamente
separati. I ricercatori iniziali hanno scoperto i risultati negativi
nell'appendice del documento, che era stato ignorato
dall'opposizione delle loro stime, e hanno promesso di guardare
i topi erano fratelli in futuro.

I percorsi epigenetici transgenerazionali sono diventati una
parte critica delle radici evolutive della differenziazione
cellulare. Mentre l'epigenetica nelle specie multicellulari è
comunemente considerata come un processo di divisione, con
tendenze epigenetiche "resettate" quando le specie si replicano,

ci sono state diverse segnalazioni di eredità epigenetica transgenerazionale (ad esempio i fenomeni di paramutazione riscontrati nel mais). Anche se la maggior parte di questi tratti epigenetici multigenerazionali sono stati gradualmente persi nel corso di diverse generazioni, c'è ancora la possibilità che l'epigenetica multigenerazionale possa essere un altro aspetto dell'evoluzione e dell'adattamento. Come menzionato sopra, alcuni descrivono l'epigenetica come ereditaria.

La linea germinale sequestrata o barriera di Weismann è specifica degli animali e la trasmissione epigenetica è più diffusa nelle piante e nei microbi. Eva Jablonka, Marion J. Lamb e Étienne Danchin hanno proposto che tali risultati possono comportare un cambiamento nella struttura metodologica tradizionale della sintesi convenzionale e hanno chiesto una sintesi evolutiva ampliata. Altri biologi evolutivi, come John Maynard Smith, hanno incorporato l'eredità epigenetica nei modelli genetici di popolazione o sono apertamente scettici sulla sintesi evolutiva estesa (Michael Lynch). Thomas Dickins e Qazi Rahman notano che i processi epigenetici come la metilazione del DNA e la modulazione degli istoni sono ereditati geneticamente sotto l'influenza della selezione naturale e fanno quindi parte della precedente "nuova sintesi".

Due aspetti cruciali in cui l'eredità epigenetica può essere distinta dall'eredità genetica convenzionale, con importanti implicazioni per lo sviluppo, sono che i livelli di epimutazione possono essere significativamente più alti dei tassi di mutazione e i tassi di epimutazione sono più facilmente reversibili. Gli errori ereditabili di metilazione del DNA sono 100.000 volte più probabili di sorgere nelle piante a causa di errori genetici. Una caratteristica ereditata epigeneticamente, come il meccanismo PSI+, funzionerà come uno "stop-gap", abbastanza buono per un adattamento a breve termine per permettere alla stirpe di continuare abbastanza a lungo per la mutazione e/o ricombinazione per assimilare geneticamente il cambiamento fenotipico adattivo. La presenza di questa probabilità aumenta lo sviluppo del pianeta.

Più di 100 casi di eredità epigenetica transgenerazionale sono stati documentati in un'ampia varietà di specie, inclusi procarioti, piante e animali. Per esempio, le farfalle del mantello del lutto possono cambiare colore a causa di cambiamenti ormonali in reazione a esperimenti con temperature variabili.

Neurospora crassa è un modello popolare per studiare la regolazione e il ruolo della metilazione della citosina. All'interno di questo individuo, la metilazione del DNA è correlata ai resti del meccanismo di protezione del genoma identificato come RIP (repeat-induced point mutation) e silenzia l'espressione genica inibendo l'elongazione della trascrizione.

Il prione PSI del lievito è creato da uno spostamento conformazionale nell'elemento di terminazione della traduzione, che viene poi ereditato dalle cellule figlie. Può avere un beneficio di sopravvivenza in condizioni sfavorevoli. È un esempio di controllo epigenetico che aiuta gli organismi unicellulari a reagire rapidamente allo stress ambientale. I prioni possono essere utilizzati come fattori epigenetici in grado di causare una transizione fenotipica senza modificare il genoma.

L'identificazione semplice dei segni epigenetici nei microrganismi è fattibile con una singola serie molecolare in tempo reale in cui la specificità della polimerasi permette di calcolare la metilazione e altre modifiche mentre la molecola di DNA viene sequenziata. Diversi studi hanno dimostrato il potenziale per catturare dettagli epigenetici a livello di genoma nei batteri.

Epigenetica nei batteri Mentre l'epigenetica è di fondamentale importanza negli eucarioti, in particolare nei metazoi, gioca un ruolo diverso nei batteri. In particolare, gli eucarioti usano le vie epigenetiche principalmente per controllare l'espressione genica, cosa che avviene solo nei batteri. Tuttavia, i batteri fanno ampio uso della metilazione post-replicativa del DNA per la regolazione epigenetica delle interazioni DNA-proteine. I batteri usano spesso la metilazione dell'adenina del DNA (invece della metilazione della citosina del DNA) come spunto epigenetico. La metilazione dell'adenina del DNA è essenziale nella virulenza batterica in organismi come Escherichia coli, Salmonella, Vibrio, Yersinia, Haemophilus e Brucella. Negli alfaproteobatteri, la metilazione dell'adenina controlla il ciclo cellulare e collega la trascrizione genica alla replicazione del DNA. Nei Gammaproteobatteri, la metilazione dell'adenina genera spunti per la replicazione del DNA, la scissione dei cromosomi, la riparazione errata, l'etichettatura dei batteriofagi, la funzione delle trasposasi e il controllo dell'espressione genica. C'è una variazione genetica che governa lo Streptococcus pneumoniae (pneumococco) che fa sì che il batterio cambi spontaneamente le sue caratteristiche in sei stati alternativi che potrebbero aprire la strada a migliori vaccinazioni. Ogni tipo è prodotto spontaneamente da uno schema di metilazione a fase variabile. La capacità degli pneumococchi di infliggere infezioni mortali differisce in ciascuna di queste sei nazioni. Diverse strutture sono essenziali in molti generi batterici. Nei Firmicutes come Clostridioides difficile, la metilazione dell'adenina controlla la sporulazione, lo sviluppo del biofilm e l'adattamento dell'ospite.

Benefici epigenetici del Mindfulness Training, del mangiare sano e dell'attività fisica

L'epigenetica gioca una posizione chiave nella scienza del 21° secolo, esponendo la connessione tra la storia genetica umana e il clima. L'ereditabilità somatica dei marcatori epigenetici attraverso la divisione cellulare può anche descrivere le conseguenze durature delle reazioni umane all'ambiente. Infatti, c'è una crescente evidenza nelle piante, nei modelli animali e negli esseri umani per il trasferimento di conoscenze epigenetiche attraverso molti secoli, che ha conseguenze sullo sviluppo e sulla sicurezza. In modo importante per l'argomento di questo articolo, i processi epigenetici giocano un ruolo chiave negli effetti di lunga durata dello stress persistente e del trauma. Inoltre, la ricerca sui traumi precoci, la memoria precoce e l'invecchiamento, gli approcci basati sulla mindfulness e l'effetto della dieta e dell'esercizio fisico sul benessere saranno analizzati nel contesto dei recenti sviluppi nel campo dell'epigenetica. Gli scienziati stanno appena iniziando a esplorare le complesse reti attraverso le quali le condizioni ambientali e i comportamenti rimodellano le conoscenze presenti nel nostro DNA, creando impronte sul benessere fisico e mentale che possono, in certi casi, essere trasmesse dai gameti alle generazioni future.

L'attuale ricerca epigenetica, compresi gli interventi basati sulla Mindfulness, può comportare la conferma delle modifiche molecolari e delle previsioni bioinformatiche attraverso lo studio delle correlazioni di particolari effetti neurofisiologici nella salute e nella malattia. I recenti progressi nell'epigenetica dimostrano la necessità di sensibilizzare la medicina e la cultura agli effetti di eventi dannosi e comportamenti malsani sulla salute fisica, cognitiva ed emotiva delle generazioni attuali e future. Gli studi futuri su epigenetica e benessere saranno motivati dalla possibile reversibilità delle conoscenze biologiche acquisite e dalla prospettiva di modulare l'epigenoma in ambienti sani.

Capitolo Secondo
Come fanno i geni a controllare la crescita e la divisione delle cellule

Una varietà di geni sono coinvolti nel controllo della crescita e della divisione cellulare. Il ciclo cellulare è il modo in cui la cellula replica se stessa in modo organizzato, passo dopo passo. La stretta regolazione di questo processo assicura che il DNA di una cellula in divisione sia copiato correttamente, che ogni errore nel DNA sia riparato e che ogni cellula figlia riceva un set completo di cromosomi. Il ciclo ha dei punti di controllo (chiamati anche punti di restrizione), che permettono a certi geni di controllare i problemi e fermare il ciclo per le riparazioni se qualcosa va storto.

Se una cellula ha un errore nel suo DNA che non può essere riparato, può subire la morte cellulare programmata (apoptosi). L'apoptosi è un processo comune in tutta la vita che aiuta il corpo a liberarsi delle cellule di cui non ha bisogno. Le cellule che subiscono l'apoptosi si rompono e vengono riciclate da un tipo di globulo bianco chiamato macrofago. L'apoptosi protegge il corpo rimuovendo le cellule geneticamente danneggiate che potrebbero portare al cancro, e gioca un ruolo importante nello sviluppo dell'embrione e nel mantenimento dei tessuti adulti.

Il cancro deriva da un'interruzione della normale regolazione del ciclo cellulare. Quando il ciclo procede senza controllo, le cellule possono dividersi senza ordine e accumulare difetti genetici che possono portare a un tumore canceroso

Come fanno i genetisti a indicare la posizione di un gene

I genetisti usano le mappe per descrivere la posizione di un particolare gene su un cromosoma. Un tipo di mappa usa la posizione citogenetica per descrivere la posizione di un gene. La posizione citogenetica si basa su un modello distintivo di bande create quando i cromosomi sono colorati con alcune sostanze chimiche. Un altro tipo di mappa usa la localizzazione molecolare, una descrizione precisa della posizione di un gene su un cromosoma. La localizzazione molecolare si basa sulla sequenza dei blocchi di DNA (coppie di basi) che compongono il cromosoma.

Posizione citogenetica

I genetisti usano un modo standardizzato di descrivere la posizione citogenetica di un gene. Nella maggior parte dei casi, la posizione descrive la posizione di una particolare banda su un cromosoma colorato:

17q12

Può anche essere scritto come una gamma di bande, se si sa meno della posizione esatta:

17q12-q21

La combinazione di numeri e lettere fornisce l'"indirizzo" di un gene su un cromosoma. Questo indirizzo è composto da diverse parti:

Il cromosoma su cui si trova il gene. Il primo numero o lettera usato per descrivere la posizione di un gene rappresenta il cromosoma. I cromosomi da 1 a 22 (gli autosomi) sono designati dal loro numero di cromosoma. I cromosomi sessuali sono designati da X o Y.

Il braccio del cromosoma. Ogni cromosoma è diviso in due sezioni (bracci) in base alla posizione di un restringimento (costrizione) chiamato centromero. Per convenzione, il braccio più corto è chiamato p, e quello più lungo è chiamato q. Il braccio del cromosoma è la seconda parte dell'indirizzo del gene. Per esempio, 5q è il braccio lungo del cromosoma , e Xp è il braccio corto del cromosoma X.

La posizione del gene sul braccio p o q. La posizione di un gene si basa su un modello distintivo di bande chiare e scure che appaiono quando il cromosoma viene colorato in un certo modo. La posizione è di solito designata da due cifre (che rappresentano una regione e una banda), che a volte sono seguite da un punto decimale e da una o più cifre aggiuntive (che rappresentano sottobande all'interno di una zona chiara o scura). Il numero che indica la posizione del gene aumenta con la distanza dal centromero. Per esempio: 14q21 rappresenta la posizione 21 sul braccio lungo del cromosoma 14q21 è più vicino al centromero di 14q22.

A volte, le abbreviazioni "cen" o "ter" sono anche usate per descrivere la posizione citogenetica di un gene. "Cen" indica che il gene è molto vicino al centromero. Per esempio, 16pcen si riferisce al braccio corto del cromosoma 16 vicino al centromero. "Ter" sta per terminus, che indica che il gene è molto vicino alla fine del braccio p o q. Per esempio, 14qter si riferisce alla punta del braccio lungo del cromosoma 14. ("Tel" è anche usato a volte per descrivere la posizione di un gene. "Tel" sta per telomeri, che si trovano alle estremità di ogni cromosoma. Le abbreviazioni "tel" e "ter" si riferiscono alla stessa posizione).

Il gene CFTR si trova sul braccio lungo del cromosoma 7 in posizione 7q31.2.

Posizione molecolare

Il Progetto Genoma Umano, uno sforzo di ricerca internazionale completato nel 2003, ha determinato la sequenza di coppie di basi per ogni cromosoma umano. Queste informazioni sulla sequenza permettono ai ricercatori di fornire un indirizzo più specifico della posizione citogenetica per molti geni. L'indirizzo molecolare di un gene indica la posizione di quel gene in termini di coppie di basi. Descrive la posizione precisa del gene su un cromosoma e indica la dimensione del gene. Conoscere la posizione molecolare permette anche ai ricercatori di determinare esattamente quanto un gene è lontano da altri geni sullo stesso cromosoma.

Gruppi diversi di ricercatori spesso presentano valori leggermente diversi per la posizione molecolare di un gene. I ricercatori interpretano la sequenza del genoma umano usando una varietà di metodi, che possono portare a piccole differenze nell'indirizzo molecolare di un gene. Genetics Home Reference presenta i dati di NCBI per la posizione molecolare dei geni.

I geni possono essere accesi e spenti nelle cellule

Ogni cellula esprime, o accende, solo una frazione dei suoi geni. Il resto dei geni è represso, o spento. Il processo di accensione e spegnimento dei geni è noto come regolazione genica. La regolazione dei geni è una parte importante del normale sviluppo. I geni sono accesi e spenti in diversi schemi durante lo sviluppo per far sì che una cellula cerebrale abbia un aspetto e agisca diversamente da una cellula epatica o muscolare, per esempio. La regolazione dei geni permette anche alle cellule di reagire rapidamente ai cambiamenti nel loro ambiente. Anche se sappiamo che la regolazione dei geni è fondamentale per la vita, questo complesso processo non è ancora completamente compreso.

La regolazione dei geni può avvenire in qualsiasi punto durante l'espressione genica, ma più comunemente si verifica a livello di trascrizione (quando le informazioni nel DNA di un gene sono trasferite in mRNA). Segnali dall'ambiente o da altre cellule attivano proteine chiamate fattori di trascrizione. Queste proteine si legano alle regioni regolatrici di un gene e aumentano o diminuiscono il livello di trascrizione. Controllando il livello di trascrizione, questo processo può determinare la quantità di prodotto proteico fatto da un gene in un dato momento.

Come fanno i geni a dirigere la produzione di proteine

La maggior parte dei geni contiene le informazioni necessarie per produrre molecole funzionali chiamate proteine. (Alcuni geni producono altre molecole che aiutano la cellula ad assemblare le proteine). Il viaggio dal gene alla proteina è complesso e strettamente controllato all'interno di ogni cellula. Consiste in due fasi principali: trascrizione e traduzione. Insieme, la trascrizione e la traduzione sono note come espressione genica.

Durante il processo di trascrizione, le informazioni immagazzinate nel DNA di un gene vengono trasferite in una molecola simile chiamata RNA (acido ribonucleico) nel nucleo della cellula. Sia l'RNA che il DNA sono costituiti da una catena di basi nucleotidiche, ma hanno proprietà chimiche leggermente diverse. Il tipo di RNA che contiene le informazioni per produrre una proteina è chiamato RNA messaggero (mRNA) perché porta le informazioni, o messaggio, dal DNA fuori dal nucleo al citoplasma.

La traduzione, il secondo passo per passare da un gene a una proteina, avviene nel citoplasma. L'mRNA interagisce con un complesso specializzato chiamato ribosoma, che "legge" la sequenza di basi dell'mRNA. Ogni sequenza di tre basi, chiamata codone, solitamente codifica per un particolare amminoacido. (Un tipo di RNA chiamato RNA di trasferimento (tRNA) assembla la proteina, un aminoacido alla volta. L'assemblaggio della proteina continua fino a quando il ribosoma incontra un codone "stop" (una sequenza di tre basi che non codifica per un aminoacido).

Il flusso di informazioni dal DNA all'RNA alle proteine è uno dei principi fondamentali della biologia molecolare. È così importante che a volte viene chiamato il "dogma centrale".

Attraverso i processi di trascrizione e traduzione, le informazioni dei geni sono usate per fare le proteine.

Capitolo terzo
Terapia epigenetica

L'epigenetica si riferisce allo studio dei cambiamenti nelle espressioni geniche che non risultano da alterazioni nella sequenza del DNA". I modelli di espressione genica alterati possono risultare da modifiche chimiche nel DNA e nella cromatina, a cambiamenti in diversi meccanismi di regolazione. Le marcature epigenetiche possono essere ereditate in alcuni casi, e possono cambiare in risposta a stimoli ambientali nel corso della vita di un organismo.

Molte malattie sono note per avere una componente genetica, ma i meccanismi epigenetici alla base di molte condizioni sono ancora in fase di scoperta. Un numero significativo di malattie sono note per cambiare l'espressione dei geni all'interno del corpo, e il coinvolgimento epigenetico è un'ipotesi plausibile per come lo fanno. Questi cambiamenti possono essere la causa dei sintomi della malattia. Diverse malattie, specialmente il cancro, sono state sospettate di accendere o spegnere selettivamente i geni, con la conseguente capacità dei tessuti tumorali di sfuggire alla reazione immunitaria dell'ospite.

I meccanismi epigenetici conosciuti si raggruppano tipicamente in tre categorie. La prima è la metilazione del DNA, dove un residuo di citosina seguito da un residuo di guanina (CpG) viene metilato. In generale, la metilazione del DNA attira le proteine che piegano quella sezione della cromatina e reprimono i geni correlati. La seconda categoria è costituita dalle modifiche degli istoni. Gli istoni sono proteine coinvolte nel ripiegamento e nella compattazione della cromatina. Ci sono diversi tipi di istoni, e possono essere modificati chimicamente in diversi modi. L'acetilazione delle code degli istoni porta tipicamente a interazioni più deboli tra gli istoni e il DNA, il che è associato all'espressione genica. Gli istoni possono essere modificati in molte posizioni, con molti tipi diversi di modifiche chimiche, ma i dettagli precisi del codice degli istoni sono attualmente sconosciuti. L'ultima categoria di meccanismi epigenetici è l'RNA regolatore. I microRNA sono piccole sequenze non codificanti che sono coinvolte nell'espressione genica. Si conoscono migliaia di miRNA e la misura del loro coinvolgimento nella regolazione epigenetica è un'area di ricerca in corso.

Retinopatia diabetica

Il diabete è una malattia in cui un individuo colpito non è in grado di convertire il cibo in energia. Se non trattata, la condizione può portare ad altre complicazioni più gravi. Un segno comune del diabete è la degradazione dei vasi sanguigni in vari tessuti in tutto il corpo. La retinopatia si riferisce ai danni di questo processo nella retina, la parte dell'occhio che percepisce la luce. La retinopatia diabetica è nota per essere associata a una serie di marcatori epigenetici, tra cui la metilazione dei geni Sod2 e MMP-9, un aumento della trascrizione di LSD1, una

demetilasi H3K4 e H3K9, e varie DNA Methyl-Transferases
(DNMTs), e una maggiore presenza di miRNA per fattori di
trascrizione e VEGF.

Si ritiene che gran parte della degenerazione vascolare retinica
caratteristica della retinopatia diabetica sia dovuta
all'alterazione dell'attività mitocondriale nella retina. Sod2
codifica per un enzima dispensa superossido, che elimina i
radicali liberi e previene i danni ossidativi alle cellule. LSD1 può
giocare un ruolo importante nella retinopatia diabetica
attraverso la downregulation di Sod2 nel tessuto vascolare
retinico, portando al danno ossidativo in quelle cellule. Si ritiene
che la MMP-9 sia coinvolta nell'apoptosi cellulare, ed è
similmente downregolata, il che può contribuire a propagare gli
effetti della retinopatia diabetica.

Sono state studiate diverse strade per il trattamento epigenetico
della retinopatia diabetica. Un approccio è quello di inibire la
metilazione di Sod2 e MMP-9. Gli inibitori DNMT 5-azacitidina
e 5-aza-20-deossicitidina sono stati entrambi approvati dalla
FDA per il trattamento di altre condizioni, e gli studi hanno
esaminato gli effetti di questi composti sulla retinopatia
diabetica, dove sembrano inibire questi modelli di metilazione
con un certo successo nel ridurre i sintomi. L'inibitore della
metilazione del DNA Zebularine è stato anche studiato, anche se
i risultati sono attualmente inconcludenti. Un secondo
approccio è quello di tentare di ridurre i miRNA osservati a

livelli elevati nei pazienti retinopatici, anche se il ruolo esatto di questi miRNA non è ancora chiaro. Gli inibitori dell'istone acetiltransferasi (HAT) Epigallocatechina-3-gallato, Vorinostat e Romidepsin sono stati anche oggetto di sperimentazione a questo scopo, con qualche successo limitato. La possibilità di usare Small Interfering RNA, o siRNA, per colpire i miRNA di cui sopra è stata discussa, ma attualmente non ci sono metodi noti per farlo. Questo metodo è in qualche modo ostacolato dalla difficoltà di consegnare i siRNA ai tessuti interessati.

Il diabete mellito di tipo 2 (T2DM) ha molte varianti e fattori che influenzano il modo in cui colpisce il corpo. La metilazione del DNA è un processo attraverso il quale i gruppi metilici si attaccano alla struttura del DNA causando la non espressione del gene. Questo è pensato per essere una causa epigenetica di T2DM, causando il corpo a sviluppare una resistenza all'insulina e inibire la produzione di cellule beta nel pancreas. A causa dei geni repressi il corpo non regola il trasporto dello zucchero nel sangue alle cellule, causando un'alta concentrazione di glucosio nel flusso sanguigno.

Un'altra variante del T2DM sono le specie reattive dell'ossigeno (ROS) mitocondriali che causano una mancanza di antiossidanti nel sangue. Questo porta ad uno stress ossidativo delle cellule che porta al rilascio di radicali liberi inibendo la regolazione del glucosio nel sangue e condizioni di iperglicemia. Questo porta a complicazioni vascolari persistenti che possono inibire il flusso di sangue agli arti e agli occhi. Questo ambiente iperglicemico persistente porta anche alla metilazione del DNA perché la chimica all'interno della cromatina nel nucleo è influenzata.

La medicina attuale usata da chi soffre di T2DM include la Metformina cloridrato che stimola la produzione nel pancreas e promuove la sensibilità all'insulina. Un certo numero di studi preclinici hanno suggerito che l'aggiunta di un trattamento alla metformina che inibisca l'acetilazione e la metilazione del DNA e dei complessi istonici. La metilazione del DNA si verifica in tutto il genoma umano e si ritiene che sia un metodo naturale di soppressione dei geni durante lo sviluppo. Trattamenti mirati a geni specifici con inibitori di metilazione e acetilazione sono in fase di studio e di dibattito.

Paura, ansia e trauma

Le esperienze traumatiche possono portare a una serie di problemi mentali, tra cui il disturbo post-traumatico da stress. I progressi nei metodi di terapia cognitivo comportamentale, come la terapia di esposizione, hanno migliorato la nostra capacità di trattare i pazienti con queste condizioni. Nella terapia di esposizione, i pazienti sono esposti a stimoli che provocano paura e ansia, ma in un ambiente sicuro e controllato. Con il tempo, questo metodo porta ad una diminuzione della connessione tra gli stimoli e l'ansia. I meccanismi biochimici alla base di questi sistemi non sono completamente compresi. Tuttavia, il fattore neurotrofico derivato dal cervello (BDNF) e i recettori N-metil-D-aspartato (NMDA) sono stati identificati come cruciali nel processo della terapia di esposizione. Il successo della terapia di esposizione è associato all'aumento dell'acetilazione di questi due geni, che porta all'attivazione trascrizionale di questi geni, che sembra aumentare la plasticità neurale. Per queste ragioni, l'aumento dell'acetilazione di questi due geni è stata una delle principali aree di ricerca recenti nel trattamento dei disturbi d'ansia.

L'efficacia della terapia di esposizione nei roditori è aumentata dalla somministrazione di Vorinostat, Entinostat, TSA, butirrato di sodio e VPA, tutti noti inibitori dell'istone deacetilasi. Diversi studi negli ultimi due anni hanno dimostrato che negli esseri umani, Vorinostat ed Entinostat aumentano anche l'efficacia clinica della terapia di esposizione, e sono previsti studi sull'uomo utilizzando i farmaci di successo nei roditori. Oltre alla ricerca sull'efficacia degli inibitori HDAC, alcuni ricercatori hanno suggerito che gli attivatori dell'istone acetiltransferasi potrebbero avere un effetto simile, anche se non sono state completate abbastanza ricerche per trarre conclusioni. Tuttavia, nessuno di questi farmaci sarà probabilmente in grado di sostituire la terapia di esposizione o altri metodi di terapia cognitiva comportamentale. Studi sui roditori hanno indicato che la somministrazione di inibitori HDAC senza una terapia di esposizione di successo in realtà peggiora significativamente i disturbi d'ansia, anche se il meccanismo di questa tendenza è sconosciuto. La spiegazione più probabile è che la terapia di esposizione funziona attraverso un processo di apprendimento, e può essere migliorata da processi che aumentano la plasticità neurale e l'apprendimento. Tuttavia, se un soggetto è esposto a uno stimolo che causa ansia in modo tale che la sua paura non diminuisce, i composti che aumentano l'apprendimento possono anche aumentare il riconsolidamento, rafforzando in definitiva la memoria.

Disfunzione cardiaca

Un certo numero di disfunzioni cardiache sono state collegate ai modelli di metilazione della citosina. I topi carenti di DNMT mostrano un'upregolazione dei mediatori infiammatori, che causano un aumento dell'aterosclerosi e dell'infiammazione. Il tessuto aterosclerotico ha un aumento della metilazione nella regione del promotore del gene degli estrogeni, anche se qualsiasi connessione tra i due è sconosciuta. L'ipermetilazione del gene HSD11B2, che catalizza le conversioni tra cortisone e cortisolo, ed è quindi influente nella risposta allo stress nei mammiferi, è stata correlata all'ipertensione. La diminuzione della metilazione LINE-1 è un forte indicatore predittivo di cardiopatia ischemica e ictus, anche se il meccanismo è sconosciuto. Varie alterazioni del metabolismo lipidico, che portano all'intasamento delle arterie, sono state associate all'ipermetilazione di GNASAS, IL-10, MEG3, ABCA1, e all'ipometilazione di INSIGF e IGF2. Inoltre, è stato dimostrato che l'upregulation di un certo numero di miRNA è associato all'infarto miocardico acuto, alla malattia coronarica e all'insufficienza cardiaca. I forti sforzi di ricerca in questo settore sono molto recenti, con tutte le scoperte di cui sopra fatte dal 2009. I meccanismi sono del tutto speculativi a questo punto, e un'area di ricerca futura.

I metodi di trattamento epigenetico per la disfunzione cardiaca sono ancora altamente speculativi. La terapia SiRNA che ha come target i miRNA menzionati sopra è in fase di studio. La principale area di ricerca in questo campo è l'utilizzo di metodi epigenetici per aumentare la rigenerazione dei tessuti cardiaci danneggiati da varie malattie.

Cancro

Il ruolo dell'epigenetica nel cancro è stato oggetto di studi intensivi. Ai fini della terapia epigenetica, i due risultati chiave di questa ricerca sono che i tumori utilizzano frequentemente meccanismi epigenetici per disattivare i sistemi antitumorali cellulari e che la maggior parte dei tumori umani attiva epigeneticamente gli oncogeni, come il proto-oncogene MYC, ad un certo punto del loro sviluppo.

Gli inibitori DNMT 5-azacitidina e 5-aza-20-deossicitidina menzionati sopra sono stati entrambi approvati dalla FDA per il trattamento di varie forme di cancro. Questi farmaci hanno dimostrato di riattivare i sistemi cellulari antitumorali repressi dal cancro, permettendo al corpo di indebolire il tumore. Anche la zebularina, un attivatore di un enzima di demetilazione, è stata usata con un certo successo. A causa dei loro effetti ad ampio raggio in tutto l'organismo, tutti questi farmaci hanno importanti effetti collaterali, ma i tassi di sopravvivenza sono aumentati significativamente quando sono usati per il trattamento.

I polifenoli alimentari, come quelli che si trovano nel tè verde e nel vino rosso, sono collegati all'attività antitumorale e sono noti per influenzare epigeneticamente molti sistemi all'interno del corpo umano. Un meccanismo epigenetico per gli effetti anticancro dei polifenoli sembra probabile, anche se oltre la constatazione di base che i tassi di metilazione del DNA globale diminuiscono in risposta ad un aumento del consumo di composti polifenolici, non si conoscono informazioni specifiche.

Schizofrenia

I risultati della ricerca hanno dimostrato che la schizofrenia è legata a numerose alterazioni epigenetiche, tra cui la metilazione del DNA e le modifiche degli istoni. Per esempio, l'efficacia terapeutica dei farmaci schizofrenici come gli antipsicotici è limitata dalle alterazioni epigenetiche e gli studi futuri stanno cercando i meccanismi biochimici correlati per migliorare l'efficacia di tali terapie. Anche se la terapia epigenetica non permetterebbe di invertire completamente la malattia, può migliorare significativamente la qualità della vita.

L'epigenetica ha molte e varie applicazioni mediche potenziali. Nel 2008, il National Institutes of Health ha annunciato che 190 milioni di dollari erano stati stanziati per la ricerca epigenetica nei prossimi cinque anni. Nell'annunciare il finanziamento, i funzionari governativi hanno notato che l'epigenetica ha il potenziale per spiegare i meccanismi di invecchiamento, lo sviluppo umano, e le origini del cancro, le malattie cardiache, le malattie mentali, così come diverse altre condizioni. Alcuni ricercatori, come Randy Jirtle, Ph.D., del Duke University Medical Center, pensano che l'epigenetica potrebbe alla fine avere un ruolo maggiore nella malattia rispetto alla genetica.

Gemelli

I confronti diretti tra gemelli identici costituiscono un modello ottimale per interrogare l'epigenetica ambientale. Nel caso di esseri umani con diverse esposizioni ambientali, i gemelli monozigoti (identici) erano epigeneticamente indistinguibili durante i primi anni di vita, mentre i gemelli più anziani avevano notevoli differenze nel contenuto complessivo e nella distribuzione genomica della 5-metilcitosina del DNA e dell'acetilazione degli istoni. Le coppie di gemelli che avevano trascorso meno della loro vita insieme e/o avevano maggiori differenze nelle loro storie mediche erano quelle che mostravano le maggiori differenze nei loro livelli di 5-metilcitosina DNA e acetilazione degli istoni H3 e H4.

I gemelli dizigoti (fraterni) e monozigoti (identici) mostrano prove di influenza epigenetica negli esseri umani. Le differenze di sequenza del DNA che sarebbero abbondanti in uno studio basato sui singleton non interferiscono con l'analisi. Le differenze ambientali possono produrre effetti epigenetici a lungo termine, e diversi sottotipi di gemelli monozigoti in via di sviluppo possono essere diversi rispetto alla loro suscettibilità di essere discordanti da un punto di vista epigenetico.

Uno studio high-throughput, che denota la tecnologia che guarda ai marcatori genetici estesi, si è concentrato sulle differenze epigenetiche tra gemelli monozigoti per confrontare i cambiamenti globali e locus-specifici nella metilazione del DNA e le modifiche degli istoni in un campione di 40 coppie di gemelli monozigoti. In questo caso, sono state studiate solo coppie di gemelli sani, ma è stata rappresentata un'ampia gamma di età, tra 3 e 74 anni. Una delle principali conclusioni di questo studio è stata che esiste un accumulo dipendente dall'età di differenze epigenetiche tra i due fratelli di coppie di gemelli. Questo accumulo suggerisce l'esistenza di una "deriva" epigenetica. La deriva epigenetica è il termine dato alle modifiche epigenetiche che si verificano in funzione diretta dell'età. Mentre l'età è un fattore di rischio noto per molte malattie, la metilazione legata all'età è stata trovata per verificarsi in modo differenziato in siti specifici lungo il genoma. Nel corso del tempo, questo può portare a differenze misurabili tra età biologica e cronologica. I cambiamenti epigenetici sono stati trovati per riflettere lo stile di vita e possono agire come biomarcatori funzionali della malattia prima che venga raggiunta la soglia clinica.

Uno studio più recente, in cui 114 gemelli monozigoti e 80 gemelli dizigoti sono stati analizzati per lo stato di metilazione del DNA di circa 6000 regioni genomiche uniche, ha concluso che la somiglianza epigenetica al momento della scissione della blastocisti può anche contribuire alle somiglianze fenotipiche nei co-twins monozigoti. Questo supporta la nozione che il microambiente nelle prime fasi dello sviluppo embrionale può essere molto importante per l'istituzione di segni epigenetici. Le malattie genetiche congenite sono ben comprese ed è chiaro che l'epigenetica può giocare un ruolo, per esempio, nel caso della sindrome di Angelman e della sindrome di Prader-Willi. Queste sono normali malattie genetiche causate da delezioni geniche o inattivazione dei geni, ma sono insolitamente comuni perché gli individui sono essenzialmente emizigoti a causa dell'imprinting genomico, e quindi un singolo gene knock out è sufficiente a causare la malattia, mentre la maggior parte dei casi richiederebbe entrambe le copie per essere knock out.

Imprinting genomico

Alcuni disturbi umani sono associati all'imprinting genomico, un fenomeno nei mammiferi in cui il padre e la madre contribuiscono con diversi modelli epigenetici per specifici loci genomici nelle loro cellule germinali. Il caso più noto di imprinting nei disturbi umani è quello della sindrome di Angelman e della sindrome di Prader-Willi - entrambe possono essere prodotte dalla stessa mutazione genetica, la delezione parziale del cromosoma 15q, e la particolare sindrome che si svilupperà dipende se la mutazione è ereditata dalla madre del bambino o dal padre. Questo è dovuto alla presenza dell'imprinting genomico nella regione. Anche la sindrome di Beckwith-Wiedemann è associata all'imprinting genomico, spesso causato da anomalie nell'imprinting genomico materno di una regione sul cromosoma 11.

La sindrome di Rett è sottoposta a mutazioni nel gene MECP2, nonostante nessun cambiamento su larga scala nell'espressione di MeCP2 sia stato trovato nelle analisi microarray. BDNF è downregolato nel mutante MECP2 con conseguente sindrome di Rett.

Nello studio Överkalix, i nipoti paterni (ma non materni) di uomini svedesi che sono stati esposti durante la preadolescenza alla carestia nel XIX secolo avevano meno probabilità di morire di malattie cardiovascolari. Se il cibo era abbondante, allora la mortalità per diabete nei nipoti aumentava, suggerendo che questa era un'eredità epigenetica transgenerazionale. L'effetto opposto è stato osservato per le femmine - le nipoti paterne (ma non materne) delle donne che hanno sperimentato la carestia mentre erano nel grembo materno (e quindi mentre le loro uova erano in formazione) hanno vissuto una vita più breve in media.

Cancro

Una varietà di meccanismi epigenetici può essere perturbata in diversi tipi di cancro. Le alterazioni epigenetiche dei geni di riparazione del DNA o dei geni di controllo del ciclo cellulare sono molto frequenti nei tumori sporadici (non germinali), essendo significativamente più comuni delle mutazioni germinali (familiari) in questi tumori sporadici. Le alterazioni epigenetiche sono importanti nella trasformazione cellulare in cancro e la loro manipolazione è molto promettente per la prevenzione, la rilevazione e la terapia del cancro. Diversi farmaci che hanno un impatto epigenetico sono utilizzati in diverse di queste malattie. Questi aspetti dell'epigenetica sono affrontati nell'epigenetica del cancro.

Guarigione delle ferite diabetiche

Le modifiche epigenetiche hanno dato un'idea della comprensione della fisiopatologia di diverse condizioni patologiche. Anche se sono fortemente associate al cancro, il loro ruolo in altre condizioni patologiche è di uguale importanza. Sembra che l'ambiente iperglicemico potrebbe imprimere tali cambiamenti a livello genomico, che i macrofagi sono innescati verso uno stato pro-infiammatorio e potrebbe non riuscire a mostrare alcuna alterazione fenotipica verso il tipo pro-guarigione. Questo fenomeno di polarizzazione alterata dei macrofagi è per lo più associato a tutte le complicazioni diabetiche in un set-up clinico. A partire dal 2018, diversi rapporti rivelano la rilevanza di diverse modifiche epigenetiche rispetto alle complicazioni diabetiche. Prima o poi, con i progressi negli strumenti biomedici, il rilevamento di tali biomarcatori come strumenti prognostici e diagnostici nei pazienti potrebbe emergere come approccio alternativo. È degno di nota menzionare qui che l'uso di modifiche epigenetiche come obiettivi terapeutici garantisce un'ampia valutazione preclinica e clinica prima dell'uso.

Esempi di farmaci che alterano l'espressione genica da eventi epigenetici

L'uso di antibiotici beta-lattamici può alterare l'attività dei recettori del glutammato e l'azione della ciclosporina su molteplici fattori di trascrizione. Inoltre, il litio può avere un impatto sull'autofagia delle proteine aberranti, e i farmaci oppioidi attraverso l'uso cronico possono aumentare l'espressione dei geni associati a fenotipi di dipendenza.

Stress della prima vita

In un innovativo rapporto del 2003, Caspi e colleghi hanno dimostrato che in una robusta coorte di oltre mille soggetti valutati più volte dalla scuola materna all'età adulta, i soggetti che portavano una o due copie dell'allele corto del polimorfismo del promotore del trasportatore della serotonina mostravano tassi più elevati di depressione adulta e suicidalità quando esposti a maltrattamenti infantili, rispetto agli omozigoti con allele lungo con uguale esposizione ELS.

L'alimentazione dei genitori, l'esposizione allo stress in utero, gli effetti materni indotti dal maschio come l'attrazione di una qualità differenziale del compagno, l'età materna e paterna e il sesso della prole potrebbero influenzare se un'epimutazione germinale è espressa nella prole e il grado in cui l'eredità intergenerazionale rimane stabile nella posterità.

Dipendenza

La dipendenza è un disturbo del sistema di ricompensa del cervello che nasce attraverso meccanismi trascrizionali e neuroepigenetici e si verifica nel tempo da livelli cronicamente elevati di esposizione a uno stimolo di dipendenza (ad esempio, morfina, cocaina, rapporti sessuali, gioco d'azzardo, ecc). L'eredità epigenetica transgenerazionale dei fenotipi di dipendenza è stata notata negli studi preclinici.

Ansia

L'eredità epigenetica transgenerazionale dei fenotipi legati all'ansia è stata riportata in uno studio preclinico utilizzando i topi. In questa indagine, la trasmissione dei tratti indotti dallo stress paterno attraverso le generazioni ha coinvolto piccoli segnali di RNA non codificanti trasmessi attraverso la linea germinale maschile.

Depressione

L'eredità epigenetica dei fenotipi legati alla depressione è stata riportata anche in uno studio preclinico. L'ereditarietà dei tratti indotti dallo stress paterno attraverso le generazioni ha coinvolto piccoli segnali di RNA non codificanti trasmessi attraverso la linea germinale paterna.

Condizionamento della paura

Studi sui topi hanno dimostrato che certe paure condizionate possono essere ereditate da entrambi i genitori. In un esempio, i topi sono stati condizionati a temere un forte odore, l'acetofenone, accompagnando l'odore con una scossa elettrica. Di conseguenza, i topi impararono a temere solo l'odore dell'acetofenone. Si scoprì che questa paura poteva essere trasmessa alla prole dei topi. Nonostante la prole non abbia mai sperimentato la scossa elettrica, i topi mostravano ancora la paura del profumo di acetofenone, perché ereditavano la paura epigeneticamente attraverso la metilazione del DNA sito-specifica. Questi cambiamenti epigenetici sono durati fino a due generazioni senza reintrodurre la scossa.

La ricerca sull'epigenetica in psicologia

Ansia e assunzione di rischi

In un piccolo studio clinico sugli esseri umani pubblicato nel 2008, le differenze epigenetiche sono state collegate a differenze nell'assunzione di rischi e nelle reazioni allo stress in gemelli monozigoti. Lo studio ha identificato gemelli con diversi percorsi di vita, in cui un gemello ha mostrato comportamenti di assunzione del rischio, e l'altro ha mostrato comportamenti avversi al rischio. Le differenze epigenetiche nella metilazione del DNA delle isole CpG prossimali al gene DLX1 erano correlate al diverso comportamento. Gli autori dello studio gemellare hanno notato che nonostante le associazioni tra i marcatori epigenetici e le differenze dei tratti di personalità, l'epigenetica non può prevedere processi decisionali complessi come la selezione della carriera.

Stress

Gli studi sugli animali e sull'uomo hanno trovato correlazioni tra la scarsa cura durante l'infanzia e i cambiamenti epigenetici che si correlano con le menomazioni a lungo termine che derivano dalla negligenza.

Gli studi sui ratti hanno mostrato correlazioni tra le cure materne in termini di leccate parentali della prole e cambiamenti epigenetici. Un alto livello di leccamento si traduce in una riduzione a lungo termine della risposta allo stress come misurato comportamentalmente e biochimicamente in elementi dell'asse ipotalamo-ipofisi-surrene (HPA). Inoltre, una diminuzione della metilazione del DNA del gene del recettore dei glucocorticoidi è stata trovata nella prole che ha sperimentato un alto livello di leccate; il recettore dei glucocorticoidi svolge un ruolo chiave nella regolazione dell'HPA. L'opposto si trova nella prole che ha sperimentato bassi livelli di leccate, e quando i cuccioli vengono scambiati, i cambiamenti epigenetici sono invertiti. Questa ricerca fornisce la prova di un meccanismo epigenetico sottostante. Un ulteriore supporto viene da esperimenti con la stessa impostazione, utilizzando farmaci che possono aumentare o diminuire la metilazione. Infine, le variazioni epigenetiche nelle cure parentali possono essere trasmesse da una generazione all'altra, dalla madre alla prole femminile. La prole femminile che ha ricevuto maggiori cure parentali (cioè, alto leccare) è diventata madri che si sono impegnate in alto leccare e la prole che ha ricevuto meno leccare è diventata madri che si sono impegnate in meno leccare.

Negli esseri umani, un piccolo studio di ricerca clinica ha mostrato la relazione tra l'esposizione prenatale all'umore materno e l'espressione genetica che risulta in una maggiore reattività allo stress nella prole. Sono stati esaminati tre gruppi di neonati: quelli nati da madri curate per la depressione con inibitori della ricaptazione della serotonina; quelli nati da madri depresse non curate per la depressione; e quelli nati da madri non depresse. L'esposizione prenatale all'umore depresso/ansioso è stata associata a un aumento della metilazione del DNA al gene del recettore dei glucocorticoidi e a una maggiore reattività allo stress dell'asse HPA. I risultati erano indipendenti dal fatto che le madri fossero in trattamento farmaceutico per la depressione.

Una recente ricerca ha anche mostrato il rapporto di metilazione del recettore materno dei glucocorticoidi e l'attività neurale materna in risposta alle interazioni madre-infante su video. Il follow-up longitudinale di questi bambini sarà importante per capire l'impatto del caregiving precoce in questa popolazione ad alto rischio sull'epigenetica e il comportamento del bambino.

Cognizione

Apprendimento e memoria

Una revisione del 2010 discute il ruolo della metilazione del DNA nella formazione e nello stoccaggio della memoria, ma i meccanismi precisi che coinvolgono la funzione neuronale, la memoria e l'inversione della metilazione rimangono poco chiari.

Studi sui roditori hanno scoperto che l'ambiente esercita un'influenza sui cambiamenti epigenetici legati alla cognizione, in termini di apprendimento e memoria; l'arricchimento ambientale è correlato a un aumento dell'acetilazione degli istoni, e la verifica mediante la somministrazione di inibitori dell'istone deacetilasi ha indotto la germinazione di dendriti, un maggior numero di sinapsi e ha ripristinato il comportamento di apprendimento e l'accesso ai ricordi a lungo termine. La ricerca ha anche collegato l'apprendimento e la formazione della memoria a lungo termine a cambiamenti epigenetici reversibili nell'ippocampo e nella corteccia in animali con un cervello normale e non danneggiato. In studi umani, i cervelli post-mortem dei pazienti di Alzheimer mostrano un aumento dei livelli di istone de-acetilasi.

Psicopatologia e salute mentale

Tossicodipendenza

Le influenze ambientali ed epigenetiche sembrano lavorare insieme per aumentare il rischio di dipendenza. Per esempio, è stato dimostrato che lo stress ambientale aumenta il rischio di abuso di sostanze. Nel tentativo di far fronte allo stress, l'alcol e le droghe possono essere usati come fuga. Una volta iniziato l'abuso di sostanze, tuttavia, le alterazioni epigenetiche possono esacerbare ulteriormente i cambiamenti biologici e comportamentali associati alla dipendenza.

Anche l'abuso di sostanze a breve termine può produrre cambiamenti epigenetici di lunga durata nel cervello dei roditori, attraverso la metilazione del DNA e la modifica degli istoni. Modifiche epigenetiche sono state osservate in studi su roditori con etanolo, nicotina, cocaina, anfetamina, metanfetamina e oppiacei.

In particolare, questi cambiamenti epigenetici modificano l'espressione genica, che a sua volta aumenta la vulnerabilità di un individuo a impegnarsi in futuro in ripetute overdose di sostanze. A sua volta, un maggiore abuso di sostanze provoca cambiamenti epigenetici ancora maggiori in vari componenti del sistema di ricompensa di un roditore (ad esempio, nel nucleo accumbens[45]). Quindi, emerge un ciclo in cui i cambiamenti nelle aree del sistema di ricompensa contribuiscono ai cambiamenti neurali e comportamentali di lunga durata associati alla maggiore probabilità di dipendenza, al mantenimento della dipendenza e alla ricaduta. Negli esseri umani, è stato dimostrato che il consumo di alcol produce cambiamenti epigenetici che contribuiscono all'aumento del desiderio di alcol. Come tale, le modifiche epigenetiche possono giocare un ruolo nella progressione dall'assunzione controllata alla perdita di controllo del consumo di alcol. Queste alterazioni possono essere a lungo termine, come è evidenziato nei fumatori che possiedono ancora modifiche epigenetiche legate alla nicotina dieci anni dopo la cessazione. Pertanto, le modifiche epigenetiche possono spiegare alcuni dei cambiamenti comportamentali generalmente associati alla dipendenza. Questi includono: abitudini ripetitive che aumentano il rischio di malattie e problemi personali e sociali; bisogno di gratificazione immediata; alti tassi di ricaduta dopo il trattamento; e la sensazione di perdita di controllo.

Prove di cambiamenti epigenetici correlati sono venuti da studi umani che coinvolgono l'abuso di alcol, nicotina e oppiacei. Le prove dei cambiamenti epigenetici derivanti dall'abuso di anfetamine e cocaina derivano da studi sugli animali. Negli animali, i cambiamenti epigenetici legati alla droga nei padri hanno anche dimostrato di influenzare negativamente la prole in termini di scarsa memoria di lavoro spaziale, diminuzione dell'attenzione e diminuzione del volume cerebrale.

Disturbi alimentari e obesità

I cambiamenti epigenetici possono contribuire a facilitare lo sviluppo e il mantenimento dei disturbi alimentari attraverso le influenze nell'ambiente precoce e per tutta la durata della vita. I cambiamenti epigenetici pre-natali dovuti allo stress materno, al comportamento e alla dieta possono in seguito predisporre la prole a persistenti, aumentati disturbi d'ansia e ansia. Questi problemi di ansia possono precipitare l'insorgenza di disturbi alimentari e l'obesità, e persistono anche dopo il recupero dai disturbi alimentari.

Le differenze epigenetiche che si accumulano nel corso della vita possono spiegare le differenze incongruenti nei disturbi alimentari osservate nei gemelli monozigoti. Nella pubertà, gli ormoni sessuali possono esercitare cambiamenti epigenetici (attraverso la metilazione del DNA) sull'espressione genica, rendendo così conto di tassi più elevati di disturbi alimentari negli uomini rispetto alle donne. Nel complesso, l'epigenetica contribuisce a comportamenti di autocontrollo persistenti e non regolati legati alla voglia di abbuffarsi.

Schizofrenia

I cambiamenti epigenetici che includono l'ipometilazione dei geni glutamatergici (cioè, il gene NR3B della subunità del recettore NMDA e il promotore del gene GRIA2 della subunità del recettore AMPA) nel cervello umano post-mortem degli schizofrenici sono associati a un aumento dei livelli del neurotrasmettitore glutammato. Poiché il glutammato è il neurotrasmettitore più diffuso, veloce ed eccitatorio, l'aumento dei livelli può provocare gli episodi psicotici legati alla schizofrenia. Negli uomini con schizofrenia sono stati rilevati cambiamenti epigenetici che interessano un maggior numero di geni rispetto alle donne con la malattia.

Studi di popolazione hanno stabilito una forte associazione che collega la schizofrenia nei bambini nati da padri anziani. In particolare, i bambini nati da padri di età superiore ai 35 anni hanno fino a tre volte più probabilità di sviluppare la schizofrenia. È stato dimostrato che le disfunzioni epigenetiche nelle cellule spermatiche maschili umane, che riguardano numerosi geni, aumentano con l'età. Questo fornisce una possibile spiegazione per l'aumento dei tassi della malattia negli uomini.[verifica fallita] A tal fine, le tossine (ad esempio, gli inquinanti atmosferici) hanno dimostrato di aumentare la differenziazione epigenetica. Gli animali esposti all'aria ambiente delle acciaierie e delle autostrade mostrano drastici cambiamenti epigenetici che persistono dopo la rimozione dall'esposizione. Pertanto, sono probabili simili cambiamenti epigenetici nei padri umani anziani. Gli studi sulla schizofrenia forniscono la prova che il dibattito natura contro cultura nel campo della psicopatologia dovrebbe essere rivalutato per accogliere il concetto che i geni e l'ambiente lavorano in tandem. Come tale, molti altri fattori ambientali (ad esempio, carenze nutrizionali e uso di cannabis) sono stati proposti per aumentare la suscettibilità dei disturbi psicotici come la schizofrenia attraverso l'epigenetica.

Disturbo bipolare

Le prove di modifiche epigenetiche per il disturbo bipolare non sono chiare. Uno studio ha trovato ipometilazione di un promotore del gene di un enzima del lobo prefrontale (cioè, catecol-O-metil transferasi legata alla membrana, o COMT) in campioni di cervello post-mortem da individui con disturbo bipolare. COMT è un enzima che metabolizza la dopamina nella sinapsi. Questi risultati suggeriscono che l'ipometilazione del promotore si traduce in una sovraespressione dell'enzima. A sua volta, questo si traduce in un aumento della degradazione dei livelli di dopamina nel cervello. Questi risultati forniscono la prova che la modifica epigenetica nel lobo prefrontale è un fattore di rischio per il disturbo bipolare. Tuttavia, un secondo studio non ha trovato differenze epigenetiche nel cervello post-mortem di individui bipolari.

Disturbo depressivo maggiore

Le cause del disturbo depressivo maggiore (MDD) sono poco comprese dal punto di vista delle neuroscienze. I cambiamenti epigenetici che portano a cambiamenti nell'espressione del recettore dei glucocorticoidi e il suo effetto sul sistema di stress HPA discusso sopra, sono stati applicati anche ai tentativi di comprendere il MDD.

Gran parte del lavoro in modelli animali si è concentrato sulla downregulation indiretta del fattore neurotrofico derivato dal cervello (BDNF) da una sovra-attivazione dell'asse dello stress.

Studi in vari modelli di depressione nei roditori, spesso coinvolgendo l'induzione di stress, hanno trovato la modulazione epigenetica diretta di BDNF pure.

Psicopatia

L'epigenetica può essere rilevante per gli aspetti del comportamento psicopatico attraverso la metilazione e la modifica degli istoni. Questi processi sono ereditabili, ma possono anche essere influenzati da fattori ambientali come il fumo e l'abuso. L'epigenetica può essere uno dei meccanismi attraverso i quali l'ambiente può influenzare l'espressione del genoma. Alcuni studi hanno anche collegato la metilazione dei geni associati alla dipendenza da nicotina e alcol nelle donne, all'ADHD e all'abuso di droghe. È probabile che la regolazione epigenetica e il profilo di metilazione giocheranno un ruolo sempre più importante nello studio del gioco tra ambiente e genetica degli psicopatici.

Suicidio

Uno studio sul cervello di 24 suicidi, 12 dei quali avevano una storia di abuso infantile e 12 no, ha trovato livelli ridotti di recettore dei glucocorticoidi nelle vittime di abuso infantile e cambiamenti epigenetici associati.

Capitolo quarto
Epigenetica computazionale

Il lavoro nell'epigenetica computazionale include la creazione e l'implementazione di strumenti bioinformatici per affrontare problemi epigenetici, l'analisi statistica dei dati e la modellazione teorica in senso epigenetico. Si tratta della simulazione dell'impatto della metilazione delle isole CpG degli istoni e del DNA.

Elaborazione e analisi dei dati epigenetici Molte tecniche sperimentali sono state sviluppate per la mappatura genome-wide dei dettagli epigenetici, le più comunemente utilizzate sono ChIP-on-chip, ChIP-seq e sequenziamento bisolfito. Entrambi questi approcci producono grandi volumi di dati e includono metodi efficaci di raccolta dei dati e di gestione della qualità attraverso la bioinformatica.

Previsione dell'epigenoma Una grande quantità di lavoro bioinformatico è stata dedicata all'analisi delle conoscenze epigenetiche dipendenti dalle proprietà della sequenza del genoma. Tali previsioni hanno uno scopo specifico. In secondo luogo, previsioni affidabili dell'epigenoma possono sostituire, in una certa misura, i risultati sperimentali che sono particolarmente rilevanti per i meccanismi epigenetici di recente scoperta e per organismi diversi dall'uomo e dal topo. In secondo luogo, gli algoritmi di predizione costruiscono modelli statistici di conoscenza epigenetica a partire dai dati di allenamento e possono quindi servire come primo passo verso l'analisi quantitativa del processo epigenetico. L'analisi statistica di successo della metilazione e acetilazione del DNA e della lisina è stata realizzata attraverso combinazioni con varie caratteristiche.

Applicazioni del cancro epigenetico

Il ruolo essenziale delle mutazioni epigenetiche del cancro sta aprendo nuove possibilità per una migliore individuazione e cura. Queste aree di ricerca di successo pongono due problemi che sono particolarmente adatti allo studio bioinformatico. Nel primo caso, fornito un insieme di regioni genomiche con variazioni epigenetiche tra cellule tumorali e controlli (o tra diversi sottotipi di malattia), dobbiamo identificare modelli comuni o trovare prove di una relazione di funzionamento tra queste regioni e il cancro? In secondo luogo, possiamo usare approcci bioinformatici per migliorare la diagnosi e il trattamento identificando e classificando i sottotipi essenziali della malattia?

Contributo delle modifiche epigenetiche all'evoluzione

L'epigenetica è lo studio dei cambiamenti nell'espressione genica che si verificano attraverso meccanismi come la metilazione del DNA, l'acetilazione degli istoni e la modifica dei microRNA. Quando questi cambiamenti epigenetici sono ereditabili, possono influenzare l'evoluzione. La ricerca attuale indica che l'epigenetica ha influenzato l'evoluzione in un certo numero di organismi, tra cui piante e animali.[

Nelle piante

La metilazione del DNA è un processo attraverso il quale vengono aggiunti gruppi metilici alla molecola di DNA. La metilazione può cambiare l'attività di un segmento di DNA senza cambiarne la sequenza. Gli istoni sono proteine che si trovano nei nuclei delle cellule che impacchettano e ordinano il DNA in unità strutturali chiamate nucleosomi.

La metilazione del DNA e la modifica degli istoni sono due meccanismi utilizzati per regolare l'espressione genica nelle piante. La metilazione del DNA può essere stabile durante la divisione cellulare, permettendo agli stati di metilazione di essere passati ad altri geni omologhi in un genoma. La metilazione del DNA può essere invertita attraverso l'uso di enzimi noti come de-metilasi del DNA, mentre le modifiche degli istoni possono essere invertite rimuovendo i gruppi acetilici degli istoni con le deacetilasi. Le differenze interspecifiche dovute a fattori ambientali hanno dimostrato di essere associate alla differenza tra cicli di vita annuali e perenni. Ci possono essere diverse risposte adattative basate su questo.

Arabidopsis thaliana

Forme di metilazione degli istoni causano la repressione di certi geni che sono ereditati stabilmente attraverso la mitosi, ma che possono anche essere cancellati durante la meiosi o con la progressione del tempo. L'induzione della fioritura per esposizione a basse temperature invernali in Arabidopsis thaliana mostra questo effetto. La metilazione degli istoni partecipa alla repressione dell'espressione di un inibitore della fioritura durante il freddo. Nelle specie annuali e semelitiche come l'Arabidopsis thaliana, questa metilazione dell'istone è stabilmente ereditata attraverso la mitosi dopo il ritorno dal freddo alle temperature calde, dando alla pianta la possibilità di fiorire continuamente durante la primavera e l'estate fino alla senescenza. Tuttavia, nei parenti perenni e iteropari, la modifica dell'istone scompare rapidamente quando le temperature aumentano, permettendo all'espressione dell'inibitore floreale di aumentare e limitando la fioritura a un breve intervallo. Le modifiche epigenetiche degli istoni controllano un tratto adattativo chiave in Arabidopsis thaliana, e il loro modello cambia rapidamente durante l'evoluzione associata alla strategia riproduttiva.

Un altro studio ha testato diverse linee inbred ricombinanti epigenetiche (epiRILs) di Arabidopsis thaliana - linee con genomi simili ma livelli variabili di metilazione del DNA - per la loro sensibilità alla siccità e la loro sensibilità allo stress nutrizionale. Si è scoperto che c'era una quantità significativa di variazione ereditabile nelle linee per quanto riguarda i tratti importanti per la sopravvivenza alla siccità e allo stress nutrizionale. Questo studio ha dimostrato che la variazione nella metilazione del DNA può risultare in una variazione ereditabile di tratti vegetali ecologicamente importanti, come l'allocazione delle radici, la tolleranza alla siccità e la plasticità dei nutrienti. Ha anche suggerito che la variazione epigenetica da sola potrebbe risultare in una rapida evoluzione.

Dandelions

Gli scienziati hanno scoperto che i cambiamenti nella metilazione del DNA indotti dallo stress sono stati ereditati nei denti di leone asessuati. Piante geneticamente simili sono state esposte a diversi stress ecologici, e la loro prole è stata allevata in un ambiente non stressato. I marcatori di polimorfismo a lunghezza di frammento amplificato, sensibili alla metilazione, sono stati utilizzati per verificare la metilazione su scala genomica. Si è scoperto che molti degli stress ambientali hanno causato l'induzione di difese da patogeni ed erbivori, che hanno causato la metilazione nel genoma. Queste modifiche sono state poi trasmesse geneticamente alla prole dei denti di leone. L'eredità transgenerazionale di una risposta allo stress può contribuire alla plasticità ereditabile dell'organismo, permettendogli di sopravvivere meglio agli stress ambientali. Aiuta anche ad aggiungere alla variazione genetica di specifici lignaggi con poca variabilità, dando una maggiore possibilità di successo riproduttivo.

Negli animali

Un'analisi comparativa dei modelli di metilazione CpG tra esseri umani e primati ha scoperto che c'erano più di 800 geni che variavano nei loro modelli di metilazione tra oranghi, gorilla, scimpanzé e bonobo. Nonostante queste scimmie abbiano gli stessi geni, le differenze di metilazione sono ciò che spiega la loro variazione fenotipica.

I geni in questione sono coinvolti nello sviluppo. Non sono le sequenze proteiche a spiegare le differenze nelle caratteristiche fisiche tra gli esseri umani e le scimmie; piuttosto, sono i cambiamenti epigenetici ai geni. Poiché gli esseri umani e le grandi scimmie condividono il 99% del loro DNA, si pensa che le differenze nei modelli di metilazione spieghino la loro distinzione. Finora, si sa che ci sono 171 geni che sono metilati in modo unico negli esseri umani, 101 geni che sono metilati in modo unico negli scimpanzé e nei bonobo, 101 geni che sono metilati in modo unico nei gorilla e 450 geni che sono metilati in modo unico negli oranghi.

Per esempio, i geni coinvolti nella regolazione della pressione sanguigna e nello sviluppo del canale semicircolare dell'orecchio interno sono altamente metilati negli esseri umani, ma non nelle scimmie. Ci sono anche 184 geni che sono conservati a livello

proteico tra umani e scimpanzé, ma hanno differenze
epigenetiche. Gli arricchimenti in più categorie di geni
indipendenti mostrano che i cambiamenti normativi di questi
geni hanno dato agli umani i loro tratti specifici. Questa ricerca
dimostra che l'epigenetica gioca un ruolo importante
nell'evoluzione nei primati.È stato anche dimostrato che i
cambiamenti degli elementi cis-regolatori influenzano i siti di
inizio della trascrizione (TSS) dei geni. 471 sequenze di DNA
sono state trovate per essere arricchite o impoverite per quanto
riguarda la trimetilazione dell'istone H3K4 nelle cortecce
prefrontali di scimpanzé, umani e macachi. Tra queste sequenze,
33 sono metilate selettivamente nella cromatina neuronale di
bambini e adulti, ma non nella cromatina non neuronale. Un
locus che è stato metilato selettivamente era DPP10, una
sequenza di regolazione che ha mostrato prove di adattamento
ominide, come i tassi di sostituzione nucleotidica più elevati e
alcune sequenze di regolazione che mancavano in altri primati.
La regolazione epigenetica della cromatina TSS è stata
identificata come uno sviluppo importante nell'evoluzione delle
reti di espressione genica nel cervello umano. Si pensa che
queste reti svolgano un ruolo nei processi cognitivi e nei disturbi
neurologici. Un'analisi dei profili di metilazione delle cellule
spermatiche umane e dei primati rivela che la regolazione
epigenetica gioca un ruolo importante anche qui. Poiché le
cellule dei mammiferi subiscono una riprogrammazione dei
modelli di metilazione del DNA durante lo sviluppo delle cellule

germinali, i metilomi dello sperma umano e dello scimpanzé possono essere confrontati con la metilazione nelle cellule staminali embrionali (ESC). C'erano molte regioni ipometilate sia nelle cellule spermatiche che nelle ESCs che mostravano differenze strutturali. Inoltre, molti dei promotori nelle cellule spermatiche umane e di scimpanzé avevano diverse quantità di metilazione. In sostanza, i modelli di metilazione del DNA differiscono tra le cellule germinali e le cellule somatiche, così come tra le cellule spermatiche umane e dello scimpanzé. Ciò significa che le differenze nella metilazione dei promotori potrebbero spiegare le differenze fenotipiche tra esseri umani e primati.

Polli

Red Junglefowl, antenato dei polli domestici, mostra che l'espressione genica e i profili di metilazione nel talamo e nell'ipotalamo differiscono significativamente da quelli di una razza domestica che depone le uova. Le differenze di metilazione e l'espressione genica sono state mantenute nella prole, mostrando che la variazione epigenetica è ereditata. Alcune delle differenze di metilazione ereditate erano specifiche di alcuni tessuti, e la metilazione differenziale a loci specifici non sono stati alterati molto dopo l'incrocio tra Red Junglefowl e galline ovaiole addomesticate per otto generazioni.I risultati suggeriscono che la domesticazione ha portato a cambiamenti epigenetici, come polli addomesticati mantenuto un livello superiore di metilazione per più di 70% dei geni

Ruolo nell'evoluzione

Il ruolo dell'epigenetica nell'evoluzione è chiaramente legato alle pressioni selettive che regolano tale processo. Quando gli organismi lasciano la prole che è più adatta al loro ambiente, gli stress ambientali cambiano l'espressione genica del DNA che viene ulteriormente trasmessa alla loro prole, permettendo anche a loro di prosperare meglio nel loro ambiente. Il classico caso di studio dei ratti che sperimentano il leccamento e la toelettatura dalle loro madri passano questo tratto alla loro prole mostra che una mutazione nella sequenza del DNA non è necessaria per un cambiamento ereditabile. Fondamentalmente, un alto grado di accudimento materno rende la prole di quella madre più propensa a nutrire anche i propri figli con un alto grado di cura. I ratti con un grado inferiore di nutrimento materno hanno meno probabilità di nutrire la propria prole con tanta cura. Inoltre, i tassi di mutazioni epigenetiche, come la metilazione del DNA, sono molto più alti dei tassi di mutazioni trasmesse geneticamente e sono facilmente invertibili. Questo fornisce un modo per la variazione all'interno di una specie di aumentare rapidamente, in tempi di stress, fornendo opportunità di adattamento alle nuove pressioni di selezione.

Capitolo quinto
Epigenetica comportamentale

Epigenetica comportamentale, descrivendo la ricerca sulle origini dello sviluppo delle malattie adulte, suggerendo che il feto sta effettivamente facendo adattamenti attraverso la programmazione per "preparare" l'ambiente postnatale in risposta ai segnali ambientali

Questi effetti sono dovuti, in parte, a meccanismi epigenetici, sollevando l'affascinante questione se questi meccanismi possono anche spiegare i risultati comportamentali, fornendo così un esempio del tipo di ricerca che potrebbe portare a un nuovo campo - l'epigenetica comportamentale. L'epigenetica comportamentale è stata descritta come l'applicazione dei principi dell'epigenetica allo studio dei meccanismi fisiologici, genetici, ambientali e di sviluppo del comportamento negli animali umani e non umani. Le indagini si concentrano tipicamente a livello di cambiamenti chimici, espressione genica e processi biologici che sono alla base del comportamento normale e anormale.

Questo include come il comportamento influisce ed è influenzato dai processi epigenetici. Interdisciplinare nel suo approccio, attinge a scienze come le neuroscienze, la psicologia e la psichiatria, la genetica, la biochimica e la psicofarmacologia. Mentre ci sono migliaia di studi di epigenetica che sono stati condotti negli ultimi 40 anni, l'applicazione dell'epigenetica allo studio del comportamento è appena iniziata. Una ricerca della letteratura di citazioni ha trovato solo 96 articoli fino ad oggi sull'epigenetica comportamentale.

Processi e meccanismi di base

Un'ampia prospettiva di epigenetica include qualsiasi adattamento strutturale nelle regioni cromosomiche che mediano i tassi alterati di trascrizione del gene. La regolazione epigenetica, nota anche come rimodellamento della cromatina, nei neuroni, descrive un processo in cui l'attività di un particolare gene è controllata dalla struttura della cromatina nelle vicinanze di quel gene Il rimodellamento della cromatina è complesso, coinvolgendo molteplici modifiche covalenti degli istoni (es, acetilazione, fosforilazione, metilazione), complessi proteici contenenti ATPasi che spostano gli oligomeri di istoni lungo un filamento di DNA, metilazione del DNA, e il legame di numerosi fattori di trascrizione e coattivatori e corepressori trascrizionali, che agiscono tutti in modo concertato per determinare l'attività di un determinato gene. La regolazione epigenetica è cruciale per lo sviluppo del sistema nervoso. In particolare, può aiutare a chiarire come i geni sono influenzati da stimoli ambientali, comprese diverse sindromi comuni di ritardo mentale e relativi disturbi del neurosviluppo che sono causati da anomalie nei meccanismi di rimodellamento della cromatina.

La regolazione epigenetica si verifica anche nel cervello maturo e completamente differenziato e fornisce meccanismi unici che possono essere alla base dei cambiamenti stabili nell'espressione genica sia in condizioni normali (ad esempio, apprendimento e memoria) che in diversi stati patologici (ad esempio, depressione, tossicodipendenza, schizofrenia e malattia di Huntington, tra gli altri). In alcuni rari casi (ad esempio, l'imprinting genico), le modifiche epigenetiche possono essere trasmesse alla prole, il che solleva la possibilità che l'esperienza comportamentale nella vita adulta possa influenzare l'espressione genica nelle generazioni successive. Tuttavia, non ci sono ancora prove definitive della trasmissione epigenetica dell'esperienza comportamentale. Mentre il lavoro sui meccanismi epigenetici nel cervello è ancora in fase iniziale, promette di migliorare la nostra comprensione della plasticità del cervello, la fisiopatologia dei disturbi neuropsichiatrici, e può portare allo sviluppo di trattamenti fondamentalmente nuovi per queste condizioni.

Epigenetica, inerzia intergenerazionale e adattamento umano

Gli organismi devono far fronte a tutto, da fluttuazioni molto rapide e acute (ad esempio, il digiuno notturno seguito dalla colazione) a condizioni croniche che cambiano solo gradualmente (ad esempio, le ere glaciali o la migrazione in un nuovo ambiente). Una serie di meccanismi di adattamento permette alle popolazioni umane di adattarsi a queste diverse scale temporali di cambiamento. La selezione naturale setaccia il pool genico per selezionare le varianti genetiche più adatte alle caratteristiche più stabili delle ecologie locali. I processi omeostatici rapidi e reversibili si trovano all'altro estremo, mantenendo la costanza interna su uno sfondo di condizioni ambientali dinamiche, come l'assunzione di cibo o lo stress psicosociale. Ha notato l'importanza adattativa della plasticità dello sviluppo o la capacità fondata su cambiamenti epigenetici e di altro tipo che permette a un singolo genoma di creare una gamma di tratti possibili in interazione con l'ambiente (ad esempio, la crescita di polmoni più grandi quando si cresce ad alta quota). Poiché gli organismi si sviluppano solo una volta, cambiare lo sviluppo in risposta alle condizioni ambientali è generalmente un processo irreversibile; così, la plasticità dello sviluppo è una modalità adatta di adattamento alle caratteristiche ambientali che sono troppo croniche per essere tamponate dall'omeostasi, ma che sono anche troppo transitorie perché gli adattamenti genetici si consolidino intorno.

Molti esempi documentati di sensibilità epigenetica coinvolgono l'adozione di cambiamenti stabili nella regolazione dei geni in risposta alle esperienze durante limitate fasi iniziali dello sviluppo (periodi sensibili). Potrebbe avere un senso adattativo per una specie longeva come l'uomo impegnarsi in una strategia di vita così presto nel ciclo vitale? Limitare la sensibilità epigenetica alle prime finestre di sviluppo può, infatti, creare opportunità per regolare la biologia a spunti ambientali più affidabili sotto forma di fenotipo della madre stessa. Esempi che suggeriscono una capacità della generazione attuale di trascinare lo sviluppo alle caratteristiche materne che riflettono le sue esperienze cumulative includono l'impostazione del tasso di crescita infantile alla leptina del latte materno come spunto della storia energetica materna, e il lavoro nelle Filippine che suggerisce che la crescita fetale può essere calibrata alle esperienze nutrizionali cumulative di una donna nel corso della sua vita. In entrambi gli esempi, la biologia dello sviluppo della prole non è sensibile alle condizioni potenzialmente transitorie (e quindi inaffidabile) durante il breve periodo della gravidanza o l'allattamento. Piuttosto, le risorse e i segnali materni che vengono trasferiti alla prole possono essere più integrativi e cumulativi in natura e, quindi, potenzialmente fornire una base più affidabile per la regolazione adattativa. Kuzawa ha ipotizzato che la tempistica dei primi periodi sensibili, durante i quali vengono stabilite molte impostazioni epigenetiche, può essere più che accidentale, ma riflette l'evoluzione di una sorta di condotto, permettendo alle informazioni non genomiche di essere trasferite tra le generazioni.

Meccanismi epigenetici nella formazione della memoria

Sweatt ha affrontato l'idea che la conservazione dei meccanismi epigenetici per la memorizzazione delle informazioni rappresenta un modello unificante in biologia, con meccanismi epigenetici utilizzati per la memoria cellulare a livelli che vanno dalla memoria comportamentale allo sviluppo alla differenziazione cellulare. Come sfondo, Sweatt ha discusso come la metilazione del DNA e le modifiche degli istoni siano i due meccanismi epigenetici più ampiamente studiati. Come ha descritto Sweatt, fino a poco tempo fa si pensava che una volta stabiliti, questi segni epigenetici sarebbero rimasti invariati per tutta la vita dell'organismo; studi recenti, tuttavia, compresi quelli del laboratorio Sweatt, hanno sfidato questa visione. Tuttavia, è chiaro che la metilazione del DNA e i relativi cambiamenti nella struttura della cromatina sono capaci di auto-rigenerazione e auto-perpetuazione, caratteristiche necessarie per un marchio molecolare stabile. Così, Sweatt ha discusso l'ampia ipotesi che i segni di metilazione del DNA possono essere modificati in risposta all'esperienza di un organismo e che questi segni svolgono un ruolo nella regolazione dinamica della trascrizione genica che supporta la plasticità sinaptica e la formazione e il mantenimento della memoria a lungo termine (Fig. 4).

La presentazione di Sweatt ha anche descritto diverse prove a sostegno dell'idea che la metilazione del DNA gioca un ruolo nella funzione della memoria nel sistema nervoso centrale (SNC) adulto. Così, ha descritto come gli inibitori generali dell'attività della DNA metiltransferasi (DNMT) alterano la metilazione del DNA nel cervello adulto e alterano lo stato di metilazione del DNA dei geni promotori di plasticità reelin e bdnf. Ulteriori studi hanno dimostrato che l'espressione de novo DNMT è upregolata nell'ippocampo del ratto adulto dopo il condizionamento della paura contestuale e che il blocco dell'attività DNMT blocca il condizionamento della paura contestuale. Inoltre, sono stati presentati i risultati che dimostrano che il condizionamento della paura è associato a una rapida metilazione e al silenziamento trascrizionale del gene soppressore della memoria, la proteina fosfatasi 1 (PP1) e alla demetilazione e all'attivazione trascrizionale del gene della plasticità reelin. Questi risultati hanno la sorprendente implicazione che sia la metilazione attiva del DNA che la demetilazione attiva potrebbero essere coinvolte nel consolidamento della memoria a lungo termine nel SNC adulto.

Infine, è stata descritta una recente serie di studi che hanno scoperto che il locus del gene bdnf è anche soggetto a cambiamenti associati alla memoria nella metilazione del DNA e, inoltre, che questo effetto è regolato dal recettore NMDA. Sono stati anche presentati dati che indicano che i neuroni degli animali con deficit di DNMT hanno deficit nel condizionamento della paura contestuale, nel compito di apprendimento del labirinto di Morris e nel potenziamento a lungo termine dell'ippocampo (LTP). Nel complesso, Sweatt ha concluso che la metilazione del DNA è regolata dinamicamente nel SNC adulto in risposta all'esperienza e che questo meccanismo cellulare è un passo cruciale nella formazione della memoria.

Enzimi che modificano la cromatina nella memoria a lungo termine

Nella seconda presentazione della sessione, Marcelo A. Wood (University of California, Irvine) ha discusso il ruolo degli enzimi che modificano la cromatina nella regolazione dell'espressione genica necessaria per la formazione della memoria a lungo termine. Perché gli enzimi modificatori della cromatina sono necessari per regolare l'espressione genica? Una risposta semplicistica viene dal livello di compattazione che il DNA genomico subisce quando viene compresso per essere inserito in un nucleo. Il DNA genomico è lungo due metri, ma deve entrare in un nucleo di sei micron e, quindi, deve subire una compattazione di circa 10.000 volte. Questo genera un problema di accesso e indicizzazione, che viene risolto in parte dagli enzimi che modificano la cromatina. Gli enzimi che modificano la cromatina meglio studiati nel campo dell'apprendimento e della memoria sono gli enzimi che

modificano gli istoni, specialmente le acetiltransferasi (HAT) e
le deacetilasi (HDAC).

Nella prima parte del suo discorso, Wood ha presentato la
ricerca del suo laboratorio per esaminare il ruolo della proteina
legante CREB (CBP), un potente HAT e coattivatore
trascrizionale, nella memoria a lungo termine. Una limitazione
nello studio del ruolo della CBP nell'apprendimento e nella
memoria è stata la mancanza di topi geneticamente modificati
con sufficiente regolazione spaziale e temporale. Il laboratorio di
Wood ha usato topi geneticamente modificati CBP-FLOX, in
combinazione con un virus adeno-associato (AAV) che esprime
la ricombinasi Cre, per generare delezioni focali omozigoti di
Cbp solo nell'area CA1 dell'ippocampo dorsale. Questo nuovo
approccio ha portato alla necessaria restrizione spaziale per
studiare il ruolo di CBP in una regione del cervello e il suo
effetto sulla memoria a lungo termine; inoltre, ha fornito la
restrizione temporale per studiare una delezione omozigote di
Cbp in topi adulti, che evita confusioni da problemi di sviluppo o
prestazioni. Il laboratorio Wood ha scoperto che le delezioni
omozigoti di Cbp hanno portato a disturbi della memoria a
lungo termine dipendenti dall'ippocampo, associati a una
diminuzione dei livelli di modifiche specifiche degli istoni e a
una diminuzione dell'espressione genica.

Nella seconda parte del suo intervento, Wood ha presentato una
ricerca che esamina il ruolo di una specifica HDAC nella

formazione della memoria a lungo termine. Fino ad oggi, la funzione di HDAC3, una delle HDAC di classe I più altamente espresse nel cervello, non è mai stata esaminata. Di nuovo, usando AAV-esprimendo la ricombinasi Cre e topi geneticamente modificati HDAC3-FLOX, il laboratorio Wood ha dimostrato che HDAC3 è un regolatore negativo chiave della formazione della memoria a lungo termine nell'ippocampo. La delezione omozigote di Hdac3 nell'area CA1 dell'ippocampo ha portato a un miglioramento della memoria a lungo termine associata a un aumento dei livelli di modifiche specifiche degli istoni e a un aumento dell'espressione genica. Risultati simili sono stati osservati quando un inibitore selettivo di HDAC3, chiamato RGFP136, è stato sito specificamente consegnato all'ippocampo dorsale. Insieme, i dati genetici e farmacologici hanno dimostrato che HDAC3 è un regolatore negativo della formazione della memoria a lungo termine.

In sintesi, Wood ha ipotizzato che gli HDAC rappresentino un tipo di freno molecolare che è normalmente impegnato, ma transitoriamente rimosso da una segnalazione dipendente dall'attività sufficiente a regolare la trascrizione richiesta per la formazione della memoria a lungo termine. Wood ha concluso suggerendo che questo processo può rappresentare un meccanismo molecolare per spiegare perché non codifichiamo tutto ciò che sperimentiamo nella memoria a lungo termine. Inoltre, la funzione compromessa di questi freni molecolari può essere associata a disturbi come la tossicodipendenza e il disturbo da stress post-traumatico.

Meccanismi di segnalazione ed epigenetici nella formazione della memoria legata allo stress

Nella presentazione finale, Johannes (Hans) Reul (Università di Bristol, Regno Unito) ha presentato un nuovo meccanismo che può spiegare perché facciamo ricordi così forti di eventi psicologicamente stressanti ed emotivi nella nostra vita. Il meccanismo che ha proposto coinvolge la diafonia tra diverse vie di segnalazione che influenzano i processi epigenetici nei neuroni dell'ippocampo, una regione del cervello limbico coinvolta nell'apprendimento e nella memoria. Eventi stressanti, per esempio, una lite domestica o un colloquio di lavoro, o negli animali, un attacco di un predatore, evocano la secrezione di ormoni glucocorticoidi dalla ghiandola surrenale. Classicamente, questi ormoni regolano il metabolismo e altri processi fisiologici che permettono all'individuo di affrontare la sfida nel miglior modo possibile.

Reul ha riferito, tuttavia, che la ricerca degli ultimi 25 anni ha fornito la prova che i glucocorticoidi secreti durante una sfida psicologicamente stressante migliorano il consolidamento dei ricordi legati all'evento - un'osservazione di lunga data che è rimasta inspiegata fino ad ora. Una scoperta fatta negli anni '80 dal gruppo di de Kloet ha indicato il giro dentato, la porta dell'ippocampo, come un sito d'azione per i glucocorticoidi nella formazione della memoria legata allo stress.

Nella sua presentazione, Reul ha dimostrato che l'azione dell'ormone richiedeva distinte modifiche epigenetiche della cromatina: la fosforilazione della serina10 (S10), in combinazione con l'acetilazione della lisina14 (K14) dell'istone H3 (H3S10p-K14ac), portando all'induzione dei geni immediati c-Fos e Egr-1 nei neuroni del giro dentato granulare nei ratti e topi in vivo.

 Poiché il recettore dei gluco-corticoidi (GR) non può apportare direttamente queste modifiche degli istoni, Reul ha suggerito che il GR agisce indirettamente attraverso l'interazione con altre molecole di segnalazione. Più specificamente, ha postulato che la GR interagisce con il recettore NMDA attivato dalla via di segnale ERK (extracellular signal-regulated kinase) MAPK (mitogen-activated protein kinase), che ha un ruolo marcato nei processi di apprendimento e memoria. A sostegno di questa nozione, Reul ha presentato dati inediti in vivo che mostrano chiaramente che nei neuroni del granulo dentato attivati, cioè quelli che esibiscono ERK1/2 fosforilata (pERK1/2), i GR sono necessari per attivare gli enzimi modificatori dell'istone a valle MSK1 (chinasi attivata da mitogeno e stress 1), e Elk-1 (proteina Ets-like-1)

Reul ha continuato a descrivere pMSK1, una chinasi che può fosforilare l'istone H3 alla serina 10, mentre pElk-1 lega l'HAT p300, che può acetilare le code degli istoni. Inoltre, mostrando una serie di immagini di immunofluorescenza, ha dimostrato che, durante la fase di consolidamento della formazione della memoria, tutte le molecole di segnalazione partecipanti (pERK1/2, pMSK1, pElk-1), le molecole di istone modificate (H3S10p-K14ac), e i prodotti genici intermedi indotti (c-Fos, Egr-1) possono essere trovati negli stessi neuroni del giro dentato. Inoltre, ha dimostrato che il blocco dei GR ha portato a una formazione sostanzialmente diminuita di pMSK1 e pElk-1, ma non pERK1/2, nei neuroni del granulo dentato dopo lo stress da nuoto forzato. Ha concluso che gli eventi stressanti sono fortemente codificati nella memoria a causa del marcato ruolo attivante dei GR su ERK MAPK, segnalazione alla cromatina nei neuroni del giro dentato. Questi risultati possono essere significativi per i disturbi psichiatrici legati allo stress, come la depressione maggiore e l'ansia, compreso il PTSD.

Le presentazioni formali sono state seguite da un'ampia e vivace discussione sui ruoli e la regolazione dei meccanismi epigenetici nella plasticità sinaptica a lungo termine e nella memoria comportamentale in vivo.

Il primo intervento è stato di Carmen J. Marsit (Brown University) e si è concentrato sui segni epigenetici alterati all'interno della placenta. Marsit ha discusso un modo nuovo in cui considerare gli effetti dell'ambiente intrauterino sul neurosviluppo infantile nelle popolazioni umane, concentrandosi su come le differenze nella metilazione del DNA in specifiche regioni genomiche nella placenta umana sono associate al comportamento neurologico del bambino. La placenta agisce come regolatore principale dell'ambiente intrauterino, non solo attraverso lo scambio di nutrienti, gas, acqua e rifiuti, ma anche attraverso la produzione di ormoni legati alla gravidanza, proteine e fattori di crescita, compresi gli ormoni neuropeptidi analoghi a quelli prodotti dall'ipotalamo e dall'ipofisi. Infine, la placenta agisce anche come una barriera comunemente metabolizzando gli ormoni materni a forme inattive e, quindi, stabilizzando l'ambiente endocrino intrauterino. Tali considerazioni hanno portato al concetto che la placenta agisce come il "terzo cervello" collegando lo stato fisiologico materno sviluppato con il feto in via di sviluppo.

È importante notare che l'espressione genica placentare è soggetta alla regolazione ambientale. Il gruppo di Marsit ha considerato come i cambiamenti dei modelli di metilazione del DNA nella placenta possono alterare la funzione della placenta in questi ruoli critici e, a sua volta, come queste alterazioni si manifestano in fenotipi neurocomportamentali nei neonati, caratterizzati utilizzando il ben consolidato Neonatal Intensive Care Unit Network Neurobehavioral Scales (NNNS).

Marsit ha evidenziato il lavoro che collega i modelli di metilazione del DNA nella placenta all'ambiente intrauterino rappresentato dalla crescita infantile, mostrando associazioni forti e significative tra i profili di metilazione del DNA, identificati utilizzando approcci basati su array genomico, e il peso alla nascita del bambino. Ha continuato a dimostrare che l'aumento della metilazione del GR 1F umano è stato fortemente e significativamente associato a misure diminuite di attenzione infantile sul NNNS. È importante notare che la metilazione di un recettore analogo (esone 17) nell'ippocampo dei cuccioli di ratto è collegata ai comportamenti materni.

Marsit ha anche mostrato che questi effetti erano più pronunciati tra i bambini di peso normale per l'età gestazionale, suggerendo che ci può essere una normale variabilità nella metilazione placentare che rappresenta la variazione nel comportamento neurologico del bambino. Mentre Marsit espande i suoi studi sul ruolo dell'ambiente intrauterino catturato nell'epigenoma della placenta, i collegamenti tra la metilazione dei geni chiave coinvolti nel controllo dell'asse HPA e il comportamento neurologico infantile, e le associazioni tra i profili genomici di metilazione del DNA e il neurosviluppo infantile sono in fase di ricerca. Questi studi sono di particolare importanza come esposizioni ambientali multiple, come la privazione di nutrienti, sono noti per influenzare la crescita infantile e sono associati ad un aumento del rischio per le condizioni neurocognitive, tra cui il disturbo da deficit di attenzione e iperattività (ADHD).

Alterazioni epigenetiche ed esposizione alla cocaina in utero

Barry Kosofsky (Weill Cornell Medical College) ha discusso come i disturbi cerebrali dello sviluppo e le conseguenze dell'esposizione prenatale alle droghe d'abuso (cocaina, in particolare) sono associati a cambiamenti sostenuti nell'espressione genica del SNC e hanno conseguenze durature sulla struttura e la funzione del cervello. L'esposizione prenatale alle tossine, comprese le sostanze d'abuso, è associata a effetti sullo sviluppo nei bambini. Kosofsky ha suggerito che tali effetti aberranti potrebbero essere considerati "malformazioni molecolari", che portano a condizioni in cui i percorsi di segnalazione neurale sono resi disfunzionali. Tali cambiamenti molecolari possono "alimentare" per produrre alterazioni nel repertorio comportamentale dei neonati, dei bambini e dei giovani adulti colpiti - cambiamenti che sono scolpiti dalle interazioni ambientali. La ricerca di Kosofsky esplora l'ipotesi che i disadattamenti molecolari risultanti siano, in parte, mediati da meccanismi epigenetici.

Kosofsky ha presentato i dati di un modello murino di esposizione transplacentare alla cocaina. Questi risultati suggeriscono che i cambiamenti sono espressi in modo gene-specifico, regione-specifico e tempo-specifico; quando appaiono nella corteccia prefrontale mediale (mPFC), questi cambiamenti sembrano risultare in una maturazione strutturale e funzionale alterata di quella regione del cervello. Rispetto agli animali di controllo (cioè i topi senza esposizione prenatale alla droga), i topi esposti alla cocaina hanno mostrato un modello differenziale di prestazioni su un compito di interazione sociale (SI): SI aumentato rispetto ai controlli a P28 (giovanile) e SI diminuito rispetto ai controlli da adulti. Un modello parallelo di espressione dell'mRNA per il fattore di trascrizione EGR1 (noto anche come NGF-1a e zif 268) è stato osservato nella mPFC corrispondente a queste età. Negli animali adulti, i cambiamenti nell'espressione di EGR1 sono stati correlati con una diminuzione del legame di MeCP2 al promotore di EGR1; lo stesso modello non è stato osservato a P28. Variazioni nell'occupazione MeCP2 suggeriscono che un meccanismo epigenetico può essere alla base dei cambiamenti nell'espressione genica e nel comportamento.

Kosofsky ha presentato ulteriori studi comportamentali utilizzando un modello di "estinzione della paura condizionata", dimostrando che i topi esposti prenatalmente alla cocaina hanno dimostrato un recupero spontaneo compromesso

dell'estinzione, una forma di apprendimento che si basa sulla
mPFC. Gli animali esposti prenatalmente alla cocaina hanno
mostrato una diminuzione del legame di MeCP2 al promotore
degli esoni I e IV del gene bdnf, che era associato a una
diminuzione dell'espressione del mRNA di quei trascritti nella
mPFC, suggerendo anche un meccanismo epigenetico alla base
delle alterazioni comportamentali. Questi risultati sono coerenti
con la presentazione di David Sweatt in una precedente sessione
sui meccanismi epigenetici per l'apprendimento e la memoria
che ha evidenziato l'importanza della regolazione epigenetica del
gene bdnf per il condizionamento della paura. L'implicazione di
questi risultati è che le condizioni ambientali perinatali
potrebbero determinare la capacità di plasticità neurale nella
vita successiva attraverso la regolazione epigenetica dei geni
critici per il rimodellamento sinaptico. Il gruppo di Kosofsky sta
attualmente perseguendo "esperimenti di salvataggio" per
esplorare ulteriormente il legame tra i meccanismi molecolari
proposti negli animali trattati prenatalmente con cocaina. I
risultati possono fornire un'opportunità di beneficio
traslazionale per quanto riguarda la diagnosi e il trattamento per
la prole di donne che abusano di droghe durante la gravidanza.

Programmazione epigenetica dalle cure materne

La ricerca ha riassunto gli studi precedenti che mostrano che le
variazioni nella cura materna nel ratto, in particolare nella
frequenza di leccare/guardare i cuccioli (LG), è associata ad un

aumento della metilazione del promotore dell'esone 17 GR
nell'ippocampo, una diminuzione dell'espressione ippocampale
FR e un aumento delle risposte ipotalamo-ipofisi-surrene (HPA)
allo stress. Il lavoro precedente suggerisce che invertire gli effetti
della metilazione differenziale del DNA del promotore dell'esone
17, a sua volta, può invertire gli effetti delle cure materne
sull'espressione ippocampale FR e le risposte HPA allo stress.
Meaney ha anche presentato i risultati di studi nell'ippocampo
umano postmortem mostrando che una storia di sviluppo di
abuso infantile è stata associata ad un aumento della
metilazione del promotore GR dell'esone 1F (vedi anche il
riassunto di Marsit) e una diminuzione dell'espressione GR. Il
focus del discorso riguardava i meccanismi attraverso i quali il
segnale ambientale, il cucciolo LG, potrebbe generare la
differenza nella metilazione del DNA, e l'espressione genica.
Meaney ha riassunto le prove in vitro e in vivo dell'importanza
degli aumenti indotti da serotonina (5-HT) e 5-HT
nell'espressione ippocampale di NGFI-A per le alterazioni dello
stato di metilazione del promotore dell'esone 17. Un shRNA che
ha come bersaglio NGFI-A blocca sia gli effetti della 5-HT sullo
stato di metilazione del promotore dell'esone 17 che gli effetti
sull'espressione GR. Pup LG fornisce stimolazione tattile del
cucciolo, con conseguente aumento dei livelli circolanti di
triiodotironina (T3), l'ormone tiroideo biologicamente più
attivo. La T3 aumenta l'attività centrale della 5-HT nel cucciolo
di ratto, e la sua somministrazione è sufficiente per aumentare

l'associazione di NGFI-A con il promotore dell'esone 17. Il cucciolo di LG dalla madre aumenta direttamente l'associazione di NGFI-A con il promotore dell'esone 17, e la stimolazione tattile artificiale imita questo effetto. Questi risultati suggeriscono che la stimolazione tattile derivata dal cucciolo LG aumenta l'attività 5-HT a livello dell'ippocampo, aumentando così l'espressione di NGFI-A e la sua associazione con il promotore dell'esone 17, che poi avvia un'alterazione dello stato di metilazione del promotore dell'esone 17 GR. I risultati sono coerenti con precedenti studi in vitro che mostrano che la sovraespressione di NGFI-A altera la metilazione del promotore dell'esone 17. È interessante notare che NGFI-A regola anche l'espressione del gene GAD1 che codifica per la decarbossilasi dell'acido glutammico 1, e la cura materna regola la metilazione del GAD1 e l'espressione del GAD1 in un modo comparabile a quello del GR. Questi studi sono coerenti con le precedenti segnalazioni di alterazioni nella metilazione del DNA associate ad un aumento del legame dei fattori di trascrizione, e suggeriscono che le condizioni ambientali possono alterare direttamente gli stati epigenetici attraverso l'attivazione di vie di segnalazione intracellulari. Meaney ha anche notato importanti caveat, in particolare l'importanza di identificare l'enzima direttamente responsabile dell'alterazione dello stato di metilazione.

Ognuna di queste presentazioni si è concentrata su influenze ambientali ben stabilite, compresi gli effetti materni pre e postnatali e i farmaci di esposizione. Questa ricerca riflette un corpo emergente di scienza che esamina gli stati epigenetici come meccanismi candidati che collegano le condizioni ambientali nel primo sviluppo con cambiamenti sostenuti nell'espressione genica e nello sviluppo neurale. Prevedibilmente, la discussione si è concentrata sull'entusiasmo per i potenziali benefici degli interventi mirati ai meccanismi epigenetici. I relatori hanno notato che il periodo attuale segna una fase molto precoce per la ricerca che collega le condizioni ambientali alle alterazioni dell'espressione genica e della funzione cerebrale. Tuttavia, la scienza traslazionale presentata all'interno di questo simposio suggerisce che l'epigenetica rappresenta una fruttuosa area di ricerca che collega i risultati epidemiologici con gli studi del meccanismo biologico.

Capitolo sesto

Esposizioni chimiche ambientali ed epigenetica umana

Più di 13 milioni di morti ogni anno sono dovuti agli inquinanti ambientali, e si stima che ben il 24% delle malattie sia causato da esposizioni ambientali che possono essere evitate.In uno screening promosso dal Center for Disease Control and Prevention degli Stati Uniti, 148 diverse sostanze chimiche ambientali sono state trovate nel sangue e nelle urine della popolazione statunitense, indicando l'entità della nostra esposizione alle sostanze chimiche ambientali.Prove crescenti suggeriscono che gli inquinanti ambientali possono causare malattie attraverso il meccanismo epigenetico-regolato cambiamenti di espressione genica. Il rimodellamento dinamico della cromatina è necessario per le fasi iniziali della trascrizione genica, che può essere realizzato alterando l'accessibilità dei promotori genici e delle regioni regolatrici.I fattori epigenetici, tra cui la metilazione del DNA, le modifiche degli istoni e i microRNA (miRNA) partecipano a questi processi di regolazione, controllando così le espressioni geniche È stato dimostrato che i cambiamenti di questi fattori epigenetici sono indotti dall'esposizione a vari inquinanti ambientali, e alcuni di essi sono stati collegati a diverse malattie.

Metilazione del DNA

La metilazione del DNA, una modifica naturale che comporta l'aggiunta di un gruppo metile alla posizione 5′ dell'anello della citosina, è il meccanismo epigenetico più comunemente studiato e meglio compreso. Nel genoma umano, si verifica prevalentemente nei siti di dinucleotide citosina-guanina (CpG) e serve a regolare l'espressione genica e a mantenere la stabilità del genoma.

Gli studi ambientali hanno mostrato diverse anomalie di metilazione del DNA. Un'alterazione comunemente riportata è una riduzione globale a livello genomico del contenuto di metilazione del DNA (ipometilazione globale) che può portare alla riattivazione di elementi trasponibili e alterare la trascrizione di geni adiacenti altrimenti silenziati. L'ipometilazione globale è associata all'instabilità genomica e a un maggior numero di eventi mutazionali. Ci sono circa 1,4 milioni di elementi ripetitivi Alu (sequenze contenenti un sito di riconoscimento per l'enzima di restrizione AluI) e mezzo milione di elementi nucleotidici lunghi interspersi (LINE-1) nel genoma umano che sono normalmente fortemente metilati. Più di un terzo della metilazione del DNA si verifica in elementi ripetitivi. A causa della loro alta rappresentazione in tutto il genoma, LINE-1 e Alu sono stati utilizzati come marcatori surrogati globali per stimare il livello di metilazione del DNA genomico nei tessuti tumorali, anche se dati recenti mostrano la mancanza di correlazione con la metilazione globale nei tessuti normali, come il sangue periferico. Altri tipi di anomalie che possono essere indotti da inquinanti ambientali sono iper- o ipo-metilazione di specifici geni o regioni, potenzialmente associati a trascrizione genica aberrante. Le alterazioni di metilazione del DNA che influenzano direttamente l'espressione genica si verificano spesso nei siti CpG situati nelle regioni promotrici dei geni. Prove recenti hanno dimostrato che i siti differenzialmente metilati in vari tessuti tumorali sono arricchiti in sequenze, chiamate 'CpG island shores', fino a 2 kb distanti dal sito di inizio della trascrizione. Tuttavia, fino ad oggi, le alterazioni di metilazione del DNA specifiche del gene indotte da esposizioni ambientali sono state per lo più studiate nelle regioni promotrici del gene. CpG island shores sono chiaramente degni di ulteriori indagini in relazione alle esposizioni ambientali, ma se detengono tale importanza in un ambiente non-cancro rimane da determinare.

Modifiche dell'istone

Negli esseri umani, la protezione e l'imballaggio del materiale genetico sono in gran parte eseguiti dalle proteine istone, che offrono anche un meccanismo di regolazione della trascrizione, replicazione e riparazione del DNA. Gli istoni sono proteine globulari nucleari che possono essere modificate covalentemente da acetilazione (Ac), metilazione, fosforilazione, glicosilazione, sumoilazione, ubiquitinazione e ribosilazione adenosina difosfato (ADP), influenzando così la struttura della cromatina e l'espressione genica. Le modifiche più comuni degli istoni che hanno dimostrato di essere modificate da sostanze chimiche ambientali sono l'Ac e la metilazione dei residui di lisina nel terminale amminico dell'istone 3 (H3) e H4. L'istone Ac, con un solo gruppo acetilico aggiunto ad ogni residuo aminoacidico di solito, aumenta l'attività trascrizionale del gene; mentre la metilazione dell'istone (Me), trovata come gruppo mono (Me), di-metil (Me2) e tri-metil (Me3) può inibire o aumentare l'espressione genica a seconda della posizione dell'aminoacido che viene modificato.

miRNA

I miRNA sono brevi RNA a singolo filamento di circa 20-24 nucleotidi di lunghezza che vengono trascritti dal DNA ma non tradotti in proteine. I miRNA regolano negativamente l'espressione dei geni target a livello post-trascrizionale legandosi alle regioni 3′ non tradotte degli mRNA target. Ogni miRNA maturo è parzialmente complementare a più mRNA bersaglio e dirige il complesso di silenziamento indotto dall'RNA (RISC) per identificare gli mRNA bersaglio per l'inattivazione. I miRNA sono inizialmente trascritti come trascrizioni primarie più lunghe (pri-miRNA) ed elaborati prima dal complesso enzimatico RNasi, e poi da Dicer, portando all'incorporazione di un singolo filamento nel RISC. I miRNA guidano il RISC ad interagire con gli mRNA e determinano la repressione post-trascrizionale. I miRNA sono coinvolti nella regolazione dell'espressione genica attraverso il targeting degli mRNA durante la proliferazione cellulare, l'apoptosi, il controllo dell'autorinnovamento delle cellule staminali, il differenziamento, il metabolismo, lo sviluppo e la metastasi tumorale. Rispetto ad altri meccanismi coinvolti nell'espressione genica, i miRNA agiscono direttamente prima della sintesi proteica e possono essere più direttamente coinvolti nella regolazione fine dell'espressione genica o nella regolazione quantitativa. Inoltre, i miRNA giocano anche ruoli chiave nel modificare la struttura della cromatina e nel partecipare al mantenimento della stabilità del genoma. I miRNA possono regolare vari processi fisiologici e patologici, come la crescita cellulare, la differenziazione, la proliferazione, l'apoptosi e il metabolismo. Più di 10 000 miRNA sono stati riportati in animali, piante e virus utilizzando metodi computazionali e sperimentali nei database pubblici relativi ai miRNA. L'espressione aberrante dei miRNA è stata collegata a varie malattie umane, tra cui il morbo di Alzheimer, l'ipertrofia cardiaca, l'alterazione della ripolarizzazione del cuore, i linfomi, le leucemie e il cancro in diversi siti.

Inquinanti ambientali e alterazioni epigenetiche
Metalli

I metalli pesanti sono contaminanti ambientali diffusi e sono stati associati a una serie di malattie, come il cancro, malattie

cardiovascolari, disturbi neurologici e malattie autoimmuni.
Negli ultimi anni, c'è stato un crescente apprezzamento del ruolo
dei fattori molecolari nell'eziologia delle malattie associate ai
metalli pesanti. Diversi studi hanno dimostrato che i metalli
agiscono come catalizzatori nel deterioramento ossidativo delle
macromolecole biologiche. Gli ioni metallici inducono specie
reattive dell'ossigeno (ROS), e quindi portano alla generazione
di radicali liberi. L'accumulo di ROS può influenzare i fattori
epigenetici. Dati crescenti hanno collegato le alterazioni
epigenetiche con l'esposizione ai metalli pesanti.

Arsenico

Le prove sono state rapidamente aumentando che l'esposizione
all'arsenico (As) altera la metilazione del DNA sia a livello
globale che nelle regioni promotrici di alcuni geni. Entrando nel
corpo umano, l'As inorganico viene metilato per la
disintossicazione. Questo processo di disintossicazione utilizza
la S-adenosil metionina (SAM), che è un donatore di metile
universale per le metiltransferasi, comprese le metiltransferasi
del DNA (DNMT) che determinano la metilazione del DNA.
Così, è stato dimostrato che l'esposizione all'As porta
all'insufficienza di SAM e diminuisce l'attività delle DNMT a
causa della riduzione del loro substrato. Inoltre, è stato anche
dimostrato che l'As diminuisce l'espressione genica delle DNMT.
Questi processi indotti dall'As possono tutti contribuire
all'ipometilazione globale del DNA. L'esposizione all'arsenico ha

dimostrato di indurre l'ipometilazione globale in modo dose-dipendente in diversi studi in vitro. Inoltre, ratti e topi esposti ad As per diverse settimane hanno esibito ipometilazione globale nel DNA epatico. Tuttavia, l'evidenza negli esseri umani è ancora limitata e non completamente coerente. In uno studio trasversale di 64 soggetti, il livello di As nell'acqua contaminata è stato associato all'ipermetilazione globale del DNA nelle cellule mononucleate del sangue. Una ipermetilazione globale dose-dipendente del DNA del sangue è stato osservato in Bangladesh adulti con esposizione cronica As.

L'esposizione all'arsenico è stata anche associata a iper- o ipo-metilazione gene-specifica sia in ambienti sperimentali che in studi umani. È stato dimostrato che l'esposizione all'arsenico induce un'ipermetilazione del promotore dose-dipendente di diversi geni soppressori del tumore, come p15, p16, p53 e DAPK, in vitro e in vivo. Inoltre, l'up-regolazione legata all'esposizione di ER-alfa, c-myc e Ha-ras1 è stata collegata alla loro ipometilazione del promotore in linee cellulari e studi su animali. L'evidenza negli esseri umani è in rapida crescita. La concentrazione di As sulle unghie dei piedi era positivamente associata ai livelli di metilazione del promotore di RASSF1A e PRSS3 nei tumori della vescica. Ipermetilazione del promotore in questi due geni è stata associata a tumori polmonari invasivi indotti da As rispetto ai tumori non invasivi.ipermetilazione del promotore di DAPK è stato osservato in cellule uroepiteliali umane esposte a As, così come nei tumori da 13 di 17 pazienti che vivono in aree contaminate da As rispetto a 8 di 21 pazienti che vivono in aree non contaminate da As.aumentata metilazione del DNA del promotore p16 è stato osservato in pazienti arseniasi rispetto alle persone senza storia di esposizione As.

L'esposizione all'arsenico ha anche dimostrato di causare alterazioni nelle modifiche degli istoni. Le prime prove sulle riduzioni dell'acetilazione degli istoni indotte dall'As erano in Drosophila. L'As trivalente è stato recentemente collegato ad una ridotta acetilazione della lisina 16 H3 e H4 (H4K16) nelle cellule epiteliali della vescica umana. D'altra parte, l'esposizione all'As trivalente ha anche dimostrato di aumentare l'acetilazione degli istoni, che ha dimostrato di up-regolare i geni legati all'apoptosi o alla risposta allo stress cellulare. La ricerca ha riportato che As potrebbe causare l'acetilazione globale dell'istone inibendo l'attività delle deacetilasi dell'istone (HDACs). Insieme, questi studi forniscono la prova che l'acetilazione dell'istone può essere disregolata dall'esposizione ad As. All'inizio del 1983, As ha anche dimostrato di indurre cambiamenti di metilazione in H3 e H4 in Drosophila. risultati simili su H3 sono stati visti in Drosophila Kc 111 cella diversi anni dopo. Negli ultimi anni, nelle cellule di mammifero, l'esposizione all'arsenito (AsIII) è stata associata a un aumento della dimetilazione della lisina 9 H3 (H3K9me2) e della trimetilazione della lisina 4 H3 (H3K4me3), e a una diminuzione della trimetilazione della lisina 27 H3 (H3K27me3). Come è stato dimostrato di indurre l'apoptosi da up-regolazione di H2AX fosforilato e causare fosforilazione H3, che possono svolgere ruoli importanti nella up-regolazione degli oncogeni.

L'esposizione della linea cellulare linfoblastica umana TK-6 all'arsenito ha mostrato aumenti globali nell'espressione dei miRNA. Il triossido di arsenico (As2O3) è stato usato come trattamento farmacologico nella leucemia promielocitica acuta. ha dimostrato che numerosi miRNA sono stati up-regolati o down-regolati nelle cellule di carcinoma della vescica umana T24 esposte a As2O3. In particolare, il miRNA-19a è stato sostanzialmente diminuito, con conseguente arresto della crescita cellulare e apoptosi. I cambiamenti legati all'As nell'espressione dei miRNA hanno dimostrato di essere reversibili quando l'esposizione è stata rimossa.

Nichel

Il nichel è stato proposto per aumentare la condensazione della cromatina e innescare la metilazione de novo del DNA di soppressori tumorali critici o di geni della senescenza. Nelle cellule del criceto cinese G12 trasfettate con il gene della guanina fosforibosil transferasi di Escherichia coli (gpt), il nichel ha dimostrato di indurre l'ipermetilazione e inibire l'espressione del gene gpt trasfettato. Uno studio sugli animali ha inoltre dimostrato che il nichel ha indotto l'ipermetilazione del DNA, alterato gli stati di eterocromatina e causato l'inattivazione del gene, portando infine alla trasformazione maligna. La ricerca ha osservato l'ipermetilazione del DNA di p16 nei tumori indotti dal nichel nei topi wild-type C57BL/6, così come nei topi eterozigoti per il gene soppressore del tumore p53 iniettato con il composto di nichel.

Il nichel può causare malattie anche attraverso le modifiche degli istoni. Le prove sulle modifiche degli istoni indotte dal nichel includono aumenti di dimetilazione H3K9, perdita di acetilazione degli istoni in H2A, H2B, H3 e H4, e aumenti di ubiquitinazione in H2A e H2B. Un aumento della dimetilazione di H3K9 e una diminuzione della metilazione di H3K4 e dell'acetilazione degli istoni è stata trovata nel promotore del transgene gpt nelle cellule G12 esposte al nichel. Nelle cellule PW del topo e nelle cellule umane trattate con l'inibitore HDAC tricostatina A, il nichel ha mostrato una minore capacità di indurre la trasformazione maligna, suggerendo che il silenziamento genico mediato dalla deacetilazione dell'istone può svolgere un ruolo critico nella trasformazione cellulare indotta dal nichel. Inoltre, il nichel ha anche dimostrato di indurre una perdita di metilazione dell'istone in vivo e una diminuzione dell'attività della demetilasi dell'istone H3K9 in vitro. Il nichel sopprime anche l'acetilazione dell'istone H4 in vitro sia nel lievito che nelle cellule di mammifero. Il nichel può indurre la fosforilazione di H3, in particolare nella serina 10 (H3S10) attraverso l'attivazione della via della c-jun N-terminal kinase/stress-activated protein kinase.

Cadmio

È stato dimostrato che il cadmio (Cd) altera la metilazione globale del DNA. La ricerca ha dimostrato che il Cd inibisce le DNMT e inizialmente induce l'ipometilazione globale del DNA in vitro (cellule epatiche di ratto TRL1215). Tuttavia, l'esposizione prolungata ha dimostrato di portare all'ipermetilazione del DNA e all'aumento dell'attività di DNMTs nello stesso esperimento. Il Cd può anche diminuire la metilazione del DNA nei proto-oncogeni e promuovere l'espressione degli oncogeni che può portare alla proliferazione cellulare.

La regolazione trascrizionale e post-trascrizionale dei geni è fondamentale nelle risposte all'esposizione al Cd, in cui i miRNA possono svolgere un ruolo importante. La ricerca ha recentemente dimostrato che l'aumento dell'espressione del miR-146a nei leucociti del sangue periferico dei lavoratori dell'acciaio era legato all'inalazione di particelle d'aria ricche di Cd. L'espressione del miRNA-146a è regolata dal fattore di trascrizione fattore nucleare-kappa B, che rappresenta un importante legame causale tra infiammazione e carcinogenesi.

Altri metalli

Il mercurio (Hg) è ampiamente presente in vari media ambientali e negli alimenti a livelli che possono influenzare negativamente l'uomo e gli animali. L'esposizione all'Hg è stata associata all'ipometilazione del DNA del tessuto cerebrale nell'orso polare. La ricerca ha studiato gli effetti dell'Hg sullo stato di metilazione del DNA nelle cellule staminali embrionali di topo. Dopo 48 o 96 ore di esposizione alla sostanza chimica, hanno osservato l'ipermetilazione del gene Rnd2 nelle cellule staminali embrionali di topo trattate con Hg.

Il piombo è tra i metalli ambientali tossici più diffusi e ha notevoli proprietà ossidative. L'esposizione a lungo termine al piombo ha dimostrato di alterare i segni epigenetici. Nel Normative Aging Study, i livelli di metilazione LINE-1 sono stati esaminati in associazione ai livelli di piombo della rotula e della tibia, misurati mediante fluorescenza K-X-Ray. I livelli di piombo della rotula sono stati associati a una ridotta metilazione del DNA LINE-1. L'associazione tra l'esposizione al piombo e la metilazione del DNA LINE-1 può avere implicazioni per i meccanismi di azione del piombo sui risultati di salute, e suggerisce anche che i cambiamenti nella metilazione del DNA possono rappresentare un biomarcatore di esposizione al piombo passato. Inoltre, la ricerca ha caratterizzato la metilazione del DNA genomico nella regione inferiore del tronco cerebrale da 47 orsi polari cacciati nella Groenlandia orientale centrale tra il 1999 e il 2001. Hanno riportato un'associazione inversa tra le misure cumulative di piombo e il livello di metilazione del DNA genomico.

Il cromo esavalente [Cr(VI)] è un mutageno e cancerogeno che è stato collegato al cancro ai polmoni e ad altri effetti negativi sulla salute in studi professionali. La ricerca ha trovato l'ipermetilazione di p16 e hMLH1 in pazienti con cancro ai polmoni con esposizione passata al cromo. Esperimenti in vitro su cellule esposte a miscele binarie di benzo[a]pirene (B[a]P) e cromo hanno dimostrato che il B[a]P attiva le risposte trascrizionali Cyp1A1 mediate dal recettore degli idrocarburi arilici (AhR), mentre il cromo reprime l'espressione genica AhR-mediata da B[a]P inducendo legami incrociati dei complessi istone deacetilasi 1-DNA metiltransferasi 1 (HDAC1-DNMT1) alla cromatina del promotore Cyp1A1 e inibisce i segni degli istoni, compresa la fosforilazione dell'istone H3 Ser-10, la trimetilazione di H3 Lys-4 e vari segni di acetilazione negli istoni H3 e H4. Gli inibitori di HDAC1 e DNMT1 o la deplezione di HDAC1 o DNMT1 con siRNA hanno bloccato la repressione trascrizionale indotta dal cromo diminuendo l'interazione di queste proteine con il promotore Cyp1A1 e permettendo all'acetilazione degli istoni di procedere. Inibendo l'espressione Cyp1A1, il cromo stimola la formazione di addotti al DNA B[a]P. L'esposizione al cromo delle cellule A549 del polmone umano ha dimostrato di aumentare i livelli globali dell'istone di- e tri-metilato H3 lisina 9 (H3K9) e lisina 4 (H3K4), ma di diminuire l'istone tri-metilato H3 lisina 27 (H3K27) e l'istone di-metilato H3 arginina 2 (H3R2). La cosa più interessante è che la dimetilazione di H3K9 è stata arricchita nel promotore del gene MLH1 umano in seguito all'esposizione al cromato, e questo è stato correlato alla diminuzione dell'espressione dell'mRNA di MLH1. L'esposizione al cromato ha aumentato la proteina e i livelli di mRNA di G9a, una metiltrasferasi degli istoni che metila specificamente H3K9. Questo aumento indotto da Cr (VI) in G9a può spiegare l'aumento globale della dimetilazione di H3K9. Inoltre, l'integrazione con ascorbato, il riduttore primario di Cr(VI) e anche un cofattore essenziale per l'attività dell'istone demetilasi, ha parzialmente invertito la dimetilazione H3K9 indotta dal cromato. Questi risultati suggeriscono che Cr(VI) può avere come bersaglio le metiltransferasi e le demetilasi dell'istone, che a loro volta influenzano la metilazione dell'istone sia globale che specifica del promotore del gene, portando al silenziamento di specifici geni soppressori del tumore.

Recenti indagini hanno dimostrato che l'esposizione all'alluminio può alterare l'espressione di un certo numero di miRNA. miR-146a nelle cellule neurali umane è stato up-regolato dopo il trattamento con solfato di alluminio. L'up-regolazione del miR-146a corrispondeva alla diminuzione dell'espressione del fattore di complemento H, un repressore dell'infiammazione.Inoltre, uno studio sulle cellule neurali umane trattate con solfato di alluminio in coltura primaria ha mostrato un aumento dell'espressione di una serie di miRNA, tra cui miR-9, miR-125b e miR-128.Gli stessi miRNA sono stati trovati anche up-regolati nelle cellule cerebrali dei pazienti di Alzheimer, suggerendo che l'esposizione all'alluminio può indurre genotossicità attraverso elementi regolatori legati ai miRNA.

Pesticidi

Prove crescenti suggeriscono che gli eventi epigenetici possono essere indotti dall'esposizione ai pesticidi. Modelli animali hanno dimostrato che l'esposizione ad alcuni pesticidi, come vinclozolin e metossiclor, induce alterazioni ereditabili della metilazione del DNA nella linea germinale maschile associata a disfunzioni del testicolo, o influisce sulla funzione ovarica attraverso modelli di metilazione alterati. Una diminuzione della metilazione nelle regioni promotrici di c-jun e c-myc e un aumento dei livelli dei loro mRNA e proteine sono stati trovati nel fegato di topi esposti a dicloro- e acido tricloro-acetico. È stato dimostrato che il diclorvos induce la metilazione del DNA in più tessuti in uno studio sulla tossicità animale. La metilazione del DNA in elementi ripetitivi nel DNA del sangue è stata inversamente associata con l'aumento dei livelli di residui di pesticidi nel plasma e altri inquinanti organici persistenti in una popolazione artica, un risultato poi confermato in uno studio simile in una popolazione coreana. Se la metilazione aberrante del DNA rappresenta il legame tra pesticidi e rischi di malattie legate ai pesticidi, compreso l'eccesso di rischio di cancro osservato in alcuni studi epidemiologici, rimane da determinare.

La dieldrina, un pesticida organoclorurato ampiamente utilizzato, ha dimostrato di aumentare l'acetilazione degli istoni H3 e H4 in modo tempo-dipendente. L'acetilazione degli istoni è stata indotta entro 10 minuti dall'esposizione alla dieldrina, suggerendo che l'iperacetilazione degli istoni è un evento precoce nelle malattie indotte dalla dieldrina. Il trattamento con acido anacardico, un inibitore dell'istone acetiltransferasi, ha diminuito l'acetilazione dell'istone indotta dalla dieldrina. Dieldrin è stato ulteriormente dimostrato di indurre l'iperacetilazione degli istoni nello striato e nella substantia nigra in modelli murini, suggerendo il ruolo dell'iperacetilazione degli istoni nella degenerazione neuronale dopaminergica indotta da dieldrin.

Inquinamento atmosferico

L'esposizione al particolato (PM) dell'inquinamento atmosferico è stata associata a un aumento della morbilità e della mortalità legate alle malattie cardiovascolari e respiratorie. Il black carbon, un componente del PM derivato dal traffico veicolare, è stato collegato ad una diminuzione della metilazione del DNA negli elementi ripetitivi LINE-1 in 1097 campioni di DNA del sangue di uomini anziani nella zona di Boston. Ulteriori prove degli effetti del PM sulla metilazione del DNA sono derivate da un'indagine sui lavoratori di un'acciaieria con esposizione ben caratterizzata a PM con diametro <10 μm (PM10). La metilazione della regione promotrice del gene dell'ossido nitrico sintasi inducibile era diminuita nei campioni di sangue degli individui esposti alle PM10 dopo 3 giorni di lavoro in fonderia rispetto alla linea di base. Nello stesso studio, la metilazione di Alu e LINE-1 era correlata negativamente all'esposizione a lungo termine alle PM10. Al contrario, un esperimento su topi esposti a particelle d'aria raccolte da un'acciaieria ha mostrato un'ipermetilazione globale del DNA nel DNA genomico dello sperma, un cambiamento che persisteva dopo la rimozione dell'esposizione ambientale.L'esposizione a particelle di scarico diesel inalate e l'Aspergillus fumigatus intranasale hanno indotto l'ipermetilazione di diversi siti del promotore dell'interferone gamma (IFNγ) e l'ipometilazione in un sito CpG del promotore di IL-4 nei topi. La metilazione alterata dei promotori di entrambi i geni era correlata a cambiamenti nei livelli di IgE.

Recentemente abbiamo anche associato l'esposizione al PM con modifiche degli istoni nei lavoratori siderurgici di cui sopra con alto livello di esposizione al PM, In questo studio, la durata dell'esposizione (anni di lavoro in fonderia) è stata associata ad un aumento di H3K4me2 e H3K4ac nei leucociti del sangue.

Nello stesso studio, abbiamo dimostrato che l'esposizione al PM ricco di metallo ha indotto rapidi cambiamenti nell'espressione di due miRNA legati all'infiammazione, cioè miR-21 e miR-222, misurato in leucociti del sangue periferico.utilizzando microarray profiling, la ricerca ha dimostrato ampie alterazioni dei profili di espressione miRNA in cellule epiteliali bronchiali umane trattate con particelle di scarico diesel. Su 313 miRNA rilevati, 197 sono stati up- o down-regolati da almeno 1.5-fold.

Benzene

Il benzene è una sostanza chimica ambientale che è stata associata ad un aumento del rischio di tumori ematologici, in particolare la leucemia mieloide acuta e la leucemia acuta non linfocitica. I nostri risultati da uno studio su agenti di polizia e benzinai hanno dimostrato che l'esposizione a basse dosi al benzene trasportato dall'aria è associata ad alterazioni della metilazione del DNA nel DNA del sangue di soggetti sani che assomigliano a quelle trovate nelle neoplasie ematologiche, compresa l'ipometilazione degli elementi ripetitivi LINE-1 e Alu, l'ipermetilazione del gene soppressore del tumore p15 e l'ipometilazione di MAGEA1 (gene dell'antigene 1 associato al melanoma). Coerentemente, la riduzione della metilazione globale del DNA è stata recentemente dimostrata in cellule umane linfoblastoidi trattate con metaboliti del benzene. esperimenti in vitro hanno anche dimostrato che l'esposizione al benzene induce l'ipermetilazione di poli (ADP-ribosio) polimerasi-1 (PARP-1), un gene coinvolto nella riparazione del DNA.

Bisfenolo A

Il bisfenolo A (BPA) è un perturbatore endocrino con potenziali effetti riproduttivi, nonché un debole cancerogeno associato a un aumento del rischio di cancro nella vita adulta attraverso l'esposizione fetale. Il BPA è ampiamente utilizzato come plastificante industriale in resine epossidiche per contenitori di alimenti e bevande, biberon e compositi dentali. La ricerca ha riferito che l'esposizione periconcezionale al BPA ha spostato la distribuzione del colore del mantello della prole del topo agouti giallo vitale (Avy) verso il giallo diminuendo la metilazione CpG in un retrotrasposone intracisternale A (IAP) a monte del gene Agouti. In questo modello animale, il fenotipo a cappotto giallo è associato a un aumento dei tassi di cancro, così come l'obesità e la resistenza all'insulina. Nella stessa serie di esperimenti, l'integrazione alimentare materna, con donatori di metile come l'acido folico o il fitoestrogeno genisteina, ha smussato l'effetto del BPA sulla metilazione IAP e ha impedito il cambiamento di colore del pelo causato dall'esposizione al BPA.Nei topi CD-1 incinta trattati con BPA, la ricerca ha trovato una diminuzione della metilazione e un aumento dell'espressione del gene homeobox Hoxa10, che controlla l'organogenesi uterina. Nelle cellule epiteliali del seno trattate con basse dosi di BPA, il profilo di espressione genica ha identificato 170 geni con cambiamenti di espressione in risposta al BPA, di cui l'espressione della proteina di membrana lisosomiale associata 3 (LAMP3) ha dimostrato di essere silenziata a causa dell'ipermetilazione del DNA nel suo promotore.

Un'elevata espressione di miR-146a è stata osservata nelle linee cellulari placentari trattate con BPA e l'espressione di miR-146a è stata associata a una più lenta proliferazione cellulare e a una maggiore sensibilità ai danni al DNA indotti dalla bleomicina.

Diossina

La diossina è un composto che è stato classificato come cancerogeno umano dall'Agenzia internazionale per la ricerca sul cancro. Poiché la diossina è solo un debole mutageno, sono state condotte ampie ricerche per identificare i potenziali meccanismi che contribuiscono alla carcinogenesi. Un percorso proposto per la carcinogenesi è legato alla potente attivazione indotta dalla diossina degli enzimi microsomiali, come il CYP1B1, che potrebbe attivare altri composti procarcinogeni in carcinogeni attivi. La capacità della diossina di indurre il CYP1B1 ha recentemente dimostrato in vitro di dipendere dallo stato di metilazione del promotore del CYP1B1. Inoltre, è stato dimostrato che la diossina riduce il livello di metilazione del DNA di Igf2 nel fegato di ratto. Recentemente, alterazioni nella metilazione del DNA in più regioni genomiche sono state identificate in splenociti di topi trattati con diossina, una scoperta potenzialmente legata all'immunotossicità della diossina. In un modello di topo xenotrapianto di carcinoma epatocellulare, la ricerca ha anche trovato che la diossina up-regolava il miR-191. Nello stesso studio, l'inibizione di miR-191 ha inibito l'apoptosi e diminuito la proliferazione cellulare, suggerendo che l'aumento dell'espressione di miR-191 può contribuire a determinare la carcinogenicità indotta dalla diossina.

Esaidro-1,3,5-trinitro-1,3,5-triazina (RDX, noto anche come esogeno o ciclonite)

Hexahydro-1,3,5-trinitro-1,3,5-triazine (comunemente noto come RDX, il nome in codice britannico per Royal Demolition Explosive) è una polinitramina esplosiva e un comune costituente delle munizioni usato in attività militari e civili. Anche se la maggior parte di questo inquinante ambientale si trova nel suolo, l'RDX e i suoi metaboliti si trovano anche nelle fonti d'acqua. L'esposizione a RDX e ai suoi metaboliti potrebbe causare neurotossicità, immunotossicità e tumori. La ricerca ha recentemente valutato gli effetti di RDX sull'espressione dei miRNA nel cervello e nel fegato dei topi. In questo studio, su 113 miRNA, 10 sono stati up-regolati e 3 sono stati down-regolati. La maggior parte dei miRNA che hanno mostrato espressione alterata, tra cui let-7, miR-17-92, miR-10b, miR-15, miR-16, miR-26 e miR-181, sono stati trovati per regolare gli enzimi tossico-metabolizzanti, così come i geni legati alla carcinogenesi e neurotossicità

Diethylstilbestrol

Il dietilstilbestrolo (DES) è un estrogeno sintetico che è stato usato per prevenire gli aborti nelle donne incinte tra gli anni '40 e '60. Un moderato aumento del rischio di cancro al seno è stato dimostrato sia nelle figlie di donne che sono state trattate con DES durante la gravidanza, sia nelle loro figlie. La ricerca ha dimostrato che l'espressione di 82 miRNA (9,1% degli 898 miRNA valutati) era alterata nelle cellule epiteliali del seno quando esposte al DES. In particolare, la soppressione dell'espressione del miR-9-3 era accompagnata dall'ipermetilazione del promotore del gene codificante il miR-9-3 nelle cellule epiteliali trattate con DES.

Sostanze chimiche nell'acqua potabile

I sottoprodotti della clorazione si formano come risultato della clorazione dell'acqua per scopi anti-fouling. Vari sottoprodotti della clorazione nell'acqua potabile, come il trietilstagno, il cloroformio e i trialometani, sono stati messi in discussione per i potenziali effetti negativi sulla salute. I ratti che sono stati cronicamente intossicati con trietilstagno in acqua potabile hanno mostrato lo sviluppo di edema cerebrale così come un aumento delle attività di fosfatidiletanolamina-N-metiltransferasi. Questo aumento della metilazione potrebbe essere un meccanismo di compensazione per contrastare i danni di membrana indotti dalla trietiltina. Il cloroformio, l'acido dicloroacetico (DCA) e l'acido tricloroacetico (TCA), tre sostanze cancerogene per il fegato e i reni, sono sottoprodotti della disinfezione del cloro presenti nell'acqua potabile. I topi trattati con DCA, TCA e cloroformio mostrano un'ipometilazione globale e una maggiore espressione di c-myc, un proto-oncogene coinvolto nei tumori del fegato e dei reni. I trialometani (cloroformio, bromodiclorometano, clorodibromometano e bromoformio) sono contaminanti organici regolati nell'acqua potabile clorurata. Nel fegato del topo femmina B6C3F1, i trialometani hanno dimostrato un'attività cancerogena. Il cloroformio e il bromodiclorometano hanno diminuito il livello di 5-metilcitosina nel DNA epatico. La metilazione nella regione del promotore del gene c-myc è stata ridotta dai trialometani, coerentemente con la loro attività cancerogena.

Epigenetica e origini dello sviluppo di salute e malattia

Durante l'embriogenesi, i modelli epigenetici cambiano dinamicamente per adattare gli embrioni ad essere adatti ad un'ulteriore differenziazione. Due ondate di riprogrammazione epigenetica, che hanno luogo allo stadio di zigote e durante la formazione delle cellule germinali primordiali, accompagnano lo sviluppo dei mammiferi.

Gli esperimenti sui topi portatori dell'Avy hanno dimostrato che la vita embrionale è una finestra di squisita sensibilità all'ambiente. Nei topi gialli vitali (Avy/a), la trascrizione originata da un retrotrasposone IAP inserito a monte del gene agouti (A) causa l'espressione ectopica della proteina agouti, con conseguente pelo giallo, obesità, diabete e maggiore suscettibilità ai tumori. Il BPA è una sostanza chimica ad alta produzione utilizzata nella fabbricazione della plastica di policarbonato. L'esposizione in utero o neonatale al BPA è associata a un maggiore peso corporeo, a un aumento del cancro al seno e alla prostata e a una funzione riproduttiva alterata.

Ulteriori studi sperimentali hanno suggerito meccanismi epigenetici come potenziali intermedi per gli effetti delle esposizioni prenatali a pesticidi come vinclozolin e methoxyclor, così come di altre condizioni come le forniture nutrizionali di donatori di metile. Indagini di loci candidati tra gli individui prenatalmente esposti alla cattiva alimentazione durante la carestia olandese in 1944-45 indicano che i cambiamenti epigenetici indotti da esposizioni prenatali possono essere comuni negli esseri umani, anche se sembrano essere relativamente piccoli e molto dipendente dai tempi di esposizione durante la gestazione. Sulla base dei risultati dei cambiamenti nella metilazione del DNA in soggetti esposti alla ricerca hanno suggerito che l'epigenoma può rappresentare un archivio molecolare dell'ambiente prenatale, attraverso il quale l'ambiente in-utero può produrre gravi ramificazioni sulla salute e la malattia più tardi nella vita. La ricerca ha scoperto che l'esposizione prenatale al fumo di sigaretta è stata associata ad un aumento del livello di metilazione del DNA nel sangue in età adulta. Altri esempi sono la diminuzione del livello di metilazione LINE-1 e Sat 2 negli adulti e nei bambini esposti prenatalmente al fumo, e l'ipometilazione globale del DNA nei neonati con esposizioni uterine al fumo materno. Oltre a questi cambiamenti di metilazione del DNA, la ricerca ha recentemente osservato che miR-16, miR-21 e miR-146a sono stati down-regolati nelle placente esposte al fumo di sigaretta rispetto ai controlli.

Ulteriori studi epigenetici ben condotti sono ora garantiti per generare un catalogo di regioni che sono sensibili all'ambiente prenatale e possono riflettere influenze di sviluppo sulla malattia umana.

Possiamo sviluppare biosensori epigenomici di esposizioni passate?

Una proprietà importante delle firme epigenomiche è che, poiché possono essere propagate attraverso la divisione cellulare anche in cellule ad alto turnover, possono persistere anche dopo che l'esposizione è stata rimossa. Inoltre, come discusso sopra, l'epigenoma di un individuo può anche riflettere la sua esperienza di esposizione ambientale prenatale. Così, il profilo epigenomico di individui esposti a inquinanti ambientali potrebbe fornire biosensori o archivi molecolari delle esposizioni ambientali passate o addirittura prenatali. Utilizzando l'epigenomica, la valutazione dell'esposizione potrebbe essere portata alle indagini di ricerca e alle impostazioni preventive dove le raccolte ripetute di dati di esposizione potrebbero essere impraticabili o eccessivamente costose. Sono necessarie ulteriori ricerche per stabilire quanto siano rapidi i cambiamenti indotti dagli inquinanti ambientali, così come se si accumulano in risposta all'esposizione ripetuta o continua e per quanto tempo persistono dopo che l'esposizione è stata rimossa.

Quali sono i disegni di studio e gli approcci adatti per l'epigenomica ambientale?

Il campo dell'epigenetica ambientale si è evoluto rapidamente negli ultimi anni. Man mano che le applicazioni della ricerca crescono, gli investigatori devono affrontare diverse difficoltà e sfide. Alcuni studi hanno prodotto risultati incoerenti sugli stessi inquinanti. Diversi fattori possono contribuire alle incongruenze. Le alterazioni epigenetiche sono specifiche del tessuto. È concepibile che lo stesso inquinante ambientale possa produrre diversi cambiamenti epigenetici in diversi tessuti, e anche all'interno dello stesso tessuto su diversi tipi di cellule. Sono necessari studi più grandi con informazioni sull'esposizione ben definite che consentano di esaminare i cambiamenti epigenetici in diversi tessuti. Diversi disegni di studio, piccole dimensioni del campione e diversi metodi di laboratorio possono anche essere le cause principali dell'incoerenza. Replicare i risultati e identificare le fonti di variabilità tra gli studi è una sfida importante per le indagini epigenetiche. Poiché i marcatori epigenetici cambiano nel tempo, i risultati delle malattie sono inclini alla causalità inversa, cioè un'associazione tra una malattia e un marcatore epigenetico può essere determinata da un'influenza della malattia sui modelli epigenetici, piuttosto che viceversa. Anche se le alterazioni epigenetiche che sono state trovate per essere indotte da o associate a inquinanti ambientali sono stati trovati anche in varie malattie, quasi nessuno studio ha esaminato la sequenza di esposizioni, alterazioni epigenetiche e malattie.

Studi longitudinali con raccolta prospettica di misure oggettive di esposizione, biospecifici per analisi epigenetiche e risultati di malattia preclinica e clinica sono necessari per stabilire adeguatamente la causalità. Le indagini epidemiologiche prospettiche esistenti potrebbero fornire risorse per la mappatura dei cambiamenti epigenomici in risposta a specifiche sostanze chimiche. Tuttavia, gli studi di coorte in cui i biospecifici sono stati precedentemente raccolti per studi genetici o biochimici potrebbero porre diverse sfide. La maggior parte degli studi hanno raccolto biospecifici, come sangue, urina o cellule buccali, che potrebbero non necessariamente partecipare all'eziologia della malattia di interesse. I metodi di raccolta e trattamento (ad esempio, sangue intero contro buffy coat) potrebbero modificare i tipi di cellule conservate, con un potenziale impatto sui segni epigenetici. Inoltre, i metodi ad alta copertura che forniscono dati ad alta densità sulla metilazione del DNA, le modifiche degli istoni e l'espressione dei miRNA sono sempre più utilizzati nelle indagini umane.

Sebbene i meccanismi epigenetici abbiano proprietà che li rendono intermedi molecolari ideali degli effetti ambientali, la proporzione degli effetti di ogni singola esposizione ambientale che potrebbe essere mediata da meccanismi epigenetici è ancora indeterminata. Sono urgentemente necessari approcci epidemiologici e statistici, compresi studi prospettici ben progettati e metodi statistici avanzati per l'inferenza causale. Analogamente agli studi genomici, il ragionamento causale epidemiologico nell'epigenomica dovrebbe includere un'attenta considerazione di conoscenze, dati, metodi e tecniche provenienti da più discipline.

Le potenziali interazioni tra diverse forme di modifica epigenetica

La maggior parte degli studi di epigenetica ambientale hanno valutato separatamente solo uno dei tipi di segni epigenetici, cioè la metilazione del DNA, le modifiche degli istoni o l'espressione dei miRNA. Tuttavia, i segni epigenetici sono

collegati da una serie intricata di interazioni che possono
generare un ciclo auto-rinforzante di eventi epigenetici diretti a
controllare l'espressione genica. Per esempio, la deacetilazione e
la metilazione degli istoni a specifici residui aminoacidici
contribuiscono alla creazione di schemi di metilazione del DNA.
L'espressione dei miRNA è controllata dalla metilazione del
DNA nei geni che codificano i miRNA e, a sua volta, i miRNA
hanno dimostrato di modificare la metilazione del DNA. Studi
futuri che includono indagini complete di più meccanismi
epigenetici potrebbero aiutare a chiarire i tempi e la
partecipazione della metilazione del DNA, delle modifiche degli
istoni e dei miRNA per determinare gli effetti ambientali sullo
sviluppo della malattia.

Capitolo Sette

Matrice genetica sintetica

L'analisi della matrice genetica sintetica (SGA) è una tecnica high-throughput per esplorare le interazioni genetiche sintetiche letali e malate (SSL). SGA permette la costruzione sistematica di mutanti doppi usando una combinazione di tecniche di genetica ricombinante, accoppiamento e fasi di selezione. Utilizzando la metodologia SGA, un mutante con delezione di un gene query può essere incrociato con un set di delezione dell'intero genoma per identificare qualsiasi interazione SSL, ottenendo informazioni funzionali del gene query e dei geni con cui interagisce. Un'applicazione su larga scala di SGA in cui ~130 geni di query sono stati attraversati al set di ~5000 mutanti di delezione vitali in lievito ha rivelato una rete genetica contenente ~1000 geni e ~4000 interazioni SSL. I risultati di questo studio hanno mostrato che i geni con funzioni simili tendono a interagire tra loro e i geni con modelli simili di interazioni genetiche spesso codificano prodotti che tendono a lavorare nello stesso percorso o complesso. L'analisi Synthetic Genetic Array è stata inizialmente sviluppata utilizzando l'organismo modello S. cerevisiae. Questo metodo è stato esteso per coprire il 30% del genoma di S. cerevisiae

L'analisi dell'array genetico sintetico è stata inizialmente sviluppata da Research nel 2001 e da allora è stata utilizzata da

129

molti gruppi che lavorano in una vasta gamma di campi biomedici. SGA utilizza l'intero set di knock-out del genoma del lievito creato dal progetto di delezione del genoma del lievito.

Procedura

L'analisi degli array genetici sintetici è generalmente condotta utilizzando array di colonie su piastre di Petri a densità standard (96, 384, 768, 1536). Per eseguire un'analisi SGA in S.cerevisae, la delezione del gene query viene incrociata sistematicamente con un array di deletion mutant (DMA) contenente tutte le ORF knockout vitali del genoma del lievito (attualmente 4786 ceppi). I diploidi risultanti vengono poi sporulati trasferendoli in un terreno contenente azoto ridotto. La progenie aploide viene poi sottoposta a una serie di piastre di selezione e incubazioni per selezionare i doppi mutanti. I doppi mutanti sono controllati per le interazioni SSL visivamente o utilizzando un software di imaging, valutando le dimensioni delle colonie risultanti.

Robotica

A causa del gran numero di passaggi di replica precisi nell'analisi SGA, i robot sono ampiamente utilizzati per eseguire le manipolazioni delle colonie. Ci sono alcuni sistemi progettati specificamente per l'analisi SGA, che riducono notevolmente il tempo per analizzare un gene di query. Generalmente questi hanno una serie di perni che vengono utilizzati per trasferire le cellule da e verso le piastre, con un sistema che utilizza cuscinetti monouso di perni per eliminare i cicli di lavaggio. I programmi per computer possono essere utilizzati per analizzare le dimensioni delle colonie dalle immagini delle piastre, automatizzando così il punteggio SGA e il profilo chimico-genetico.

Passo per un sistema di screening genetico ad alto contenuto di lievito (SGA - road map)

Ci sono sei componenti principali

Collezione mutante

Materiale e strumenti per la manipolazione dei mutanti

Sistema di analisi delle immagini

Sistema automatico di quantificazione e punteggio

Approcci di conferma

Strumenti di analisi dei dati

Collezione mutante

Il primo passo è quello di raccogliere i mutanti e creare una libreria di mutanti in mezzi solidi o liquidi. I mezzi solidi potrebbero essere migliori perché potrebbero far risparmiare molto tempo. Nella fase iniziale, la creazione dei mutanti è stata fatta con il metodo della ricombinazione omologa. Abbiamo un'eccellente libreria di mutanti per Saccharomyces cerevisiae, un organismo modello ben studiato.

Tuttavia, se si sta cercando un nuovo modello di lievito, si potrebbe avere o un sequenziamento del genoma e può prevedere il possibile ORF dal buon genoma di riferimento del lievito (per esempio: con Saccharomyces cerevisiae). Considerate un caso speciale: Se non avete un genoma di riferimento, dovreste fare un'analisi del trascrittoma e del genoma di quel nuovo organismo modello.

Materiale e strumenti per la manipolazione dei mutantiUna volta che
hai la tua libreria di mutanti in mezzi solidi. Se i mutanti sono in mezzi solidi, abbiamo disposto i mutanti con 1:3 razione, vale a dire per un tipo selvaggio a 3 mutanti array (perché? Tipo selvaggio funziona come un controllo interno e in un supporto solido nutriente non dovrebbe essere condiviso equamente per evitare bias). Una volta che avete mutanti cancellati da un singolo gene, potete iniziare gli strumenti per gestire i mutanti. In SGA si parla di "Pinning". Versioni ROTOR-HAD (indicato come robot di pinning) utilizzato per il pinning dei mutanti di lievito. Questa macchina installata con un'interfaccia user-friendly che aiuta ad appuntare i campioni dalle piastre delle fonti alle piastre sperimentali

Sistema di analisi delle immagini

Sistema automatico di quantificazione e punteggio

Approcci di conferma

Strumenti di analisi dei dati

Epigenetica delle malattie neurodegenerative

Le malattie neurodegenerative sono un gruppo eterogeneo di disturbi complessi legati dalla degenerazione dei neuroni nel sistema nervoso periferico o in quello centrale. Le loro cause sottostanti sono estremamente variabili e complicate da vari fattori genetici e/o ambientali. Queste malattie causano un deterioramento progressivo del neurone con conseguente diminuzione della trasduzione del segnale e in alcuni casi anche la morte neuronale. Le malattie del sistema nervoso periferico (PNS) possono essere ulteriormente classificate in base al tipo di cellula nervosa (motoria, sensoriale o entrambe) colpita dal disturbo. Un trattamento efficace di queste malattie è spesso impedito dalla mancanza di comprensione della patologia molecolare e genetica sottostante. La terapia epigenetica viene studiata come metodo per correggere i livelli di espressione dei geni mal regolati nelle malattie neurodegenerative.

Le malattie neurodegenerative dei motoneuroni possono causare la degenerazione dei motoneuroni coinvolti nel controllo muscolare volontario come la contrazione e il rilassamento dei muscoli. Questo articolo tratterà l'epigenetica e il trattamento della sclerosi laterale amiotrofica (SLA) e dell'atrofia muscolare spinale (SMA). Le malattie neurodegenerative del sistema nervoso centrale possono colpire il cervello e/o il midollo spinale. Questo articolo tratterà l'epigenetica e il trattamento della malattia di Alzheimer (AD), della malattia di Huntington (HD) e della malattia di Parkinson (PD). Queste malattie sono caratterizzate da una disfunzione neuronale cronica e progressiva, che a volte porta ad anomalie comportamentali (come nel PD), e, infine, alla morte neuronale, con conseguente demenza.

Le malattie neurodegenerative dei neuroni sensoriali possono causare la degenerazione dei neuroni sensoriali coinvolti nella trasmissione delle informazioni sensoriali come l'udito e la vista. Il principale gruppo di malattie dei neuroni sensoriali sono le neuropatie sensoriali e autonome ereditarie (HSAN) come HSAN I, HSAN II e Charcot-Marie-Tooth tipo 2B (CMT2B). Anche se alcune malattie dei neuroni sensoriali sono riconosciute come neurodegenerative, i fattori epigenetici non sono ancora stati chiariti nella patologia molecolare.

Il termine epigenetica si riferisce a tre livelli di regolazione genica: (1) metilazione del DNA, (2) modifiche degli istoni e (3) funzione degli RNA non codificanti (ncRNA). In breve, il controllo trascrizionale mediato dagli istoni avviene tramite l'avvolgimento del DNA attorno a un nucleo istonico. Questa struttura DNA-istone è chiamata nucleosoma; più strettamente il DNA è legato dal nucleosoma, e più strettamente una stringa di nucleosomi è compressa tra di loro, maggiore è l'effetto repressivo sulla trascrizione dei geni nelle sequenze di DNA vicino o avvolto intorno agli istoni, e viceversa (cioè un legame del DNA meno stretto e una compattazione rilassata porta a uno stato relativamente derepresso, con conseguente eterocromatina facoltativa o, ancora più derepresso, eucromatina). Nel suo stato più repressivo, che coinvolge molte pieghe in se stesso e altre proteine di impalcatura, le strutture DNA-istone formano l'eterocromatina costitutiva. Questa struttura della cromatina è mediata da questi tre livelli di regolazione genica. Le modifiche epigenetiche più rilevanti per il trattamento delle malattie neurodegenerative sono la metilazione del DNA e le modifiche delle proteine istone tramite metilazione o acetilazione.

Nei mammiferi, la metilazione avviene sul DNA e sulle proteine istone. La metilazione del DNA si verifica sulla citosina dei dinucleotidi CpG nella sequenza genomica, e la metilazione delle proteine si verifica sui termini amminici delle proteine istone principali - più comunemente sui residui di lisina. CpG si riferisce a un dinucleotide composto da un deossinucleotide di citosina immediatamente adiacente a un deossinucleotide di guanina. Un gruppo di dinucleotidi CpG raggruppati insieme è chiamato isola CpG, e nei mammiferi, queste isole CpG sono una delle principali classi di promotori genici, sui quali o intorno ai quali i fattori di trascrizione possono legarsi e la trascrizione può iniziare. La metilazione dei dinucleotidi CpG e/o delle isole all'interno dei promotori genici è associata alla repressione trascrizionale attraverso l'interferenza del legame dei fattori di trascrizione e il reclutamento di repressori trascrizionali con domini di legame al metile. La metilazione delle regioni intrageniche è associata a un aumento della trascrizione. Il gruppo di enzimi responsabili dell'aggiunta di gruppi metilici al DNA sono chiamati DNA metiltransferasi (DNMT). L'enzima responsabile della rimozione del gruppo metile è chiamato demetilasi del DNA. Gli effetti della metilazione dell'istone dipendono dal residuo (ad esempio, quale aminoacido su quale coda dell'istone viene metilato), quindi l'attività trascrizionale e la regolazione della cromatina che ne risultano possono variare. Gli enzimi responsabili dell'aggiunta di gruppi metilici agli istoni sono chiamati istone metiltransferasi (HMTs). Gli enzimi responsabili della rimozione dei gruppi metilici dagli istoni sono le demetilasi degli istoni.

L'acetilazione avviene sui residui di lisina che si trovano al N-terminale amminico delle code degli istoni. L'acetilazione dell'istone è più comunemente associata alla cromatina rilassata, alla derepressione trascrizionale e quindi ai geni attivamente trascritti. Le acetiltransferasi dell'istone (HAT) sono enzimi responsabili dell'aggiunta di gruppi acetili, e le deacetilasi dell'istone (HDAC) sono enzimi responsabili della rimozione dei gruppi acetili. Pertanto, l'aggiunta o la rimozione di un gruppo acetile a un istone può alterare l'espressione dei geni vicini. La maggior parte dei farmaci studiati sono inibitori delle proteine che rimuovono l'acetile dagli istoni o dalle deacetilasi degli istoni (HDAC).

In breve, gli ncRNA sono coinvolti in cascate di segnalazione con enzimi di marcatura epigenetica come gli HMT, e/o con il macchinario RNA interference(RNAi). Spesso queste cascate di segnalazione hanno come risultato la repressione epigenetica (per un esempio, vedi inattivazione del cromosoma X), anche se ci sono alcuni casi in cui è vero il contrario. Per esempio, l'espressione dell'ncRNA BACE1-AS è upregolata nei pazienti con malattia di Alzheimer e risulta in una maggiore stabilità di BACE1 - l'mRNA precursore di un enzima coinvolto nella malattia di Alzheimer.

I farmaci epigenetici prendono di mira le proteine responsabili delle modifiche sul DNA o sugli istoni. Gli attuali farmaci epigenetici includono, ma non sono limitati a: Inibitori HDAC

(HDACi), modulatori HAT, inibitori delle metiltransferasi del DNA e inibitori delle demetilasi degli istoni. La maggior parte dei farmaci epigenetici testati per l'uso contro le malattie neurodegenerative sono inibitori HDAC; tuttavia, sono stati testati anche alcuni inibitori DNMT. Mentre la maggior parte dei trattamenti con farmaci epigenetici sono stati condotti in modelli murini, alcuni esperimenti sono stati eseguiti su cellule umane e in sperimentazioni di farmaci umani (vedi tabella sotto). Ci sono rischi intrinseci nell'uso di farmaci epigenetici come terapie per i disturbi neurodegenerativi come alcuni farmaci epigenetici (ad esempio HDACis come sodio butirrato) sono non specifici nei loro obiettivi, che lascia il potenziale per fuori bersaglio marchi epigenetici causando indesiderati

Malattie neurodegenerative dei motoneuroni

La sclerosi laterale amiotrofica (SLA), nota anche come morbo di Lou Gehrig, è una malattia dei motoneuroni che comporta una neurogenerazione. Tutti i muscoli scheletrici del corpo sono controllati da motoneuroni che comunicano segnali dal cervello al muscolo attraverso una giunzione neuromuscolare. Quando i motoneuroni degenerano, i muscoli non ricevono più segnali dal cervello e cominciano a deperire. La SLA è caratterizzata da muscoli rigidi, contrazioni muscolari e progressiva debolezza muscolare dovuta allo spreco dei muscoli. Le parti del corpo colpite dai primi sintomi della SLA dipendono da quali neuroni motori del corpo vengono danneggiati per primi, di solito gli arti. Con il progredire della malattia, la maggior parte dei pazienti non è in grado di camminare o usare le braccia e alla fine sviluppa difficoltà nel parlare, deglutire e respirare. La maggior parte dei pazienti conserva le funzioni cognitive e i neuroni sensoriali non sono generalmente colpiti. I pazienti vengono spesso diagnosticati dopo i 40 anni e il tempo medio di sopravvivenza dall'inizio alla morte è di circa 3-4 anni. Nelle fasi finali, i pazienti possono perdere il controllo volontario dei muscoli oculari e spesso muoiono per insufficienza respiratoria o polmonite a causa della degenerazione dei motoneuroni e dei muscoli necessari per la respirazione. Attualmente non esiste una cura per la SLA, solo trattamenti che possono prolungare la vita.

Genetica e cause sottostanti

Ad oggi, molteplici geni e proteine sono stati implicati nella SLA. Uno dei temi comuni tra molti di questi geni e le loro mutazioni causali è la presenza di aggregati proteici nei motoneuroni. Altre caratteristiche molecolari comuni nei pazienti con SLA sono l'alterazione del metabolismo dell'RNA e l'ipoacetilazione generale degli istoni.

SOD1

Il gene SOD1 sul cromosoma 21 che codifica per la proteina superossido dismutasi è associato al 2% dei casi e si ritiene sia trasmesso in modo autosomico dominante. Molte diverse mutazioni nella SOD1 sono state documentate in pazienti affetti da SLA con vari gradi di progressività. La proteina SOD1 è responsabile della distruzione dei radicali superossidi naturalmente presenti, ma dannosi, prodotti dai mitocondri. La maggior parte delle mutazioni SOD1 associate alla SLA sono mutazioni gain-of-function in cui la proteina mantiene la sua attività enzimatica, ma si aggrega nei motoneuroni causando tossicità. La proteina SOD normale è anche implicata in altri casi di SLA a causa dello stress potenzialmente cellulare. È stato sviluppato un modello murino di SLA attraverso mutazioni gain-of-function in SOD1.

c9orf72

Un gene chiamato c9orf72 è stato trovato per avere una ripetizione esanucleotidica nella regione non codificante del gene in associazione con la SLA e la SLA-FTD. Queste ripetizioni esanucleotidiche possono essere presenti nel 40% dei casi di SLA familiare e nel 10% dei casi sporadici. C9orf72 probabilmente funziona come un fattore di scambio di guanina per una piccola GTPasi, ma questo probabilmente non è legato alla causa sottostante della SLA. Le ripetizioni esanucleotidiche causano probabilmente la tossicità cellulare dopo essere state giuntate dai trascritti dell'mRNA di c9orf72 e si accumulano nei nuclei delle cellule colpite.

UBQLN2

Il gene UBQLN2 codifica la proteina ubiquilina 2 che è responsabile del controllo della degradazione delle proteine ubiquitate nella cellula. Le mutazioni in UBQLN2 interferiscono con la degradazione delle proteine con conseguente neurodegenerazione attraverso l'aggregazione anomala delle proteine. Questa forma di SLA è legata al cromosoma X ed è ereditata in modo dominante e può anche essere associata alla demenza.

Trattamento epigenetico con inibitori HDAC

I pazienti affetti da SLA e i modelli di topo mostrano un'ipoacetilazione generale degli istoni che può infine innescare l'apoptosi delle cellule. Negli esperimenti sui topi, gli inibitori HDAC contrastano questa ipoacetilazione, riattivano i geni aberrantemente down-regolati e contrastano l'inizio dell'apoptosi. Inoltre, gli inibitori HDAC sono noti per prevenire gli aggregati della proteina SOD1 in vitro.

Fenilbutirrato di sodio

Il trattamento con fenilbutirrato di sodio in un modello di topo SOD1 di SLA ha mostrato migliori prestazioni motorie e coordinazione, diminuzione dell'atrofia neurale e perdita neurale e aumento di peso. Il rilascio di fattori pro-apoptotici è stato anche abrogato così come un aumento generale di acetilazione degli istoni. Uno studio umano con l'uso di fenilbuturato in pazienti affetti da SLA ha mostrato un certo aumento dell'acetilazione dell'istone, ma lo studio non ha riportato se i sintomi della SLA sono migliorati con il trattamento.

Valproic scid

L'acido valproico negli studi sui topi ha ripristinato i livelli di acetilazione degli istoni, ha aumentato i livelli di fattori pro-sopravvivenza e i topi hanno mostrato migliori prestazioni motorie. Tuttavia, mentre il farmaco ha ritardato l'insorgenza della SLA, non ha aumentato la durata della vita o impedito la denervazione. Gli studi sull'uomo dell'acido valproico nei pazienti con SLA non hanno migliorato la sopravvivenza o rallentato la progressione.

Tricostatina A

Le prove con la tricostatina A nei modelli di SLA dei topi hanno ripristinato l'acetilazione degli istoni nei neuroni spinali,

diminuito la demielinizzazione degli assoni e aumentato la
sopravvivenza dei topi.[12]

Epigenetica dello sviluppo umano

Lo sviluppo prima della nascita, compresa la gametogenesi,
l'embriogenesi e lo sviluppo fetale, è il processo di sviluppo del
corpo dalla formazione dei gameti che alla fine si combinano in
uno zigote a quando l'organismo completamente sviluppato esce
dall'utero. I processi epigenetici sono vitali per lo sviluppo fetale
a causa della necessità di differenziarsi da una singola cellula a
una varietà di tipi di cellule che sono disposte in modo tale da
produrre tessuti, organi e sistemi coesi.

Le modifiche epigenetiche come la metilazione delle CpG (un
dinucleotide composto da una 2'-deossicitosina e una 2'
deossiguanosina) e le modifiche della coda degli istoni
permettono l'attivazione o la repressione di certi geni all'interno
di una cellula, al fine di creare una memoria cellulare a favore
dell'utilizzo o meno di un gene. Queste modifiche possono
provenire dal DNA parentale, o possono essere aggiunte al gene
da varie proteine e possono contribuire alla differenziazione. I
processi che alterano il profilo epigenetico di un gene includono
la produzione di complessi proteici attivanti o repressivi, l'uso di
RNA non codificanti per guidare le proteine in grado di
modificare, e la proliferazione di un segnale facendo sì che i
complessi proteici attraggano un altro complesso proteico o più
DNA per modificare altre posizioni nel gene.

L'espressione genica si riferisce alla trascrizione di un gene, ma l'RNA prodotto non deve necessariamente codificare un prodotto proteico. La trascrizione può produrre i cosiddetti prodotti RNA non codificanti come il tRNA e l'RNA regolatore. La repressione può riferirsi alla diminuzione della trascrizione di un gene o all'inibizione di una proteina. Le proteine sono spesso inibite legando il sito attivo o causando un cambiamento conformazionale in modo che il sito attivo non possa più legarsi. Facendo queste alterazioni, le proteine, come i fattori di trascrizione, possono legare meno il DNA o alcune proteine possono essere inibite in modo da diventare un blocco in una cascata di segnalazione e certi geni non saranno quindi indotti ad essere espressi. La repressione può avvenire pre o post-trascrizionalmente. La metilazione del DNA o la modifica degli istoni che avvolgono il DNA è un esempio che porta comunemente alla repressione. La repressione pre-trascrizionale può avvenire anche alterando le proteine che permettono la trascrizione, cioè il complesso della polimerasi. Le proteine possono sedersi sul filamento di DNA e servire come una sorta di blocco per le proteine della polimerasi, impedendo loro di trascrivere. La repressione post-trascrizionale si riferisce generalmente alla degradazione del prodotto RNA o al legame dell'RNA con proteine in modo che non possa essere tradotto o svolgere la sua funzione.

La metilazione del DNA negli esseri umani e nella maggior parte
degli altri mammiferi si riferisce alla metilazione di una CpG. La
metilazione di queste citosine è comune nel DNA, e in numero
sufficiente può impedire alle proteine di attaccarsi al DNA
oscurando il DNA corrispondente al sito di legame del dominio
alla proteina. Le regioni in cui le citosine prima delle guanine
sono raggruppate e altamente non metilate sono chiamate isole
CpG, e spesso servono come promotori, o siti di inizio della
trascrizione.

Le modifiche dell'istone sono modifiche apportate ai residui di
aminoacidi nelle code degli istoni che limitano la capacità
dell'istone di legarsi al DNA o aumentano la capacità dell'istone
di legarsi al DNA. Le modifiche dell'istone agiscono anche come
siti per le proteine da attaccare, che poi alterano ulteriormente
l'espressione del gene. Due modifiche comuni degli istoni sono
l'acetilazione e la metilazione. L'acetilazione è quando una
proteina aggiunge un gruppo acetile a una lisina nella coda
dell'istone per limitare la capacità dell'istone di legarsi al DNA.
Questa acetilazione si trova comunemente sulla lisina 9
dell'istone 3, nota come H3K9ac. Il risultato è che il DNA è più
aperto alla trascrizione, a causa della diminuzione del legame
con l'istone. La metilazione, nel frattempo, è quando una
proteina aggiunge un gruppo metile a una lisina nella coda di un
istone, anche se più di un gruppo metile può essere aggiunto alla
volta. Due siti per la metilazione dell'istone sono comuni negli

studi attuali: la trimetilazione della lisina 4 sull'istone 3 (H3K4me3), che causa l'attivazione, e la trimetilazione della lisina 27 sull'istone 3, che causa la repressione (H3K27me3).

Gli elementi che agiscono in cis si riferiscono a meccanismi che agiscono sullo stesso cromosoma da cui provengono, di solito o nella stessa regione da cui sono stati prodotti o in una regione molto vicina a questa regione di origine. Per esempio, un RNA lungo non codificante prodotto in una posizione mette a tacere la stessa o una posizione diversa sullo stesso cromosoma. Gli elementi ad azione trans, invece, sono prodotti genici di una località che agiscono su un cromosoma diverso, o l'altro in una coppia cromosomica, o su un cromosoma diverso da una coppia cromosomica separata. Un esempio di questo è un lungo RNA non codificante del gene Hox C che mette a tacere il gene Hox D su un altro cromosoma, da una diversa coppia cromosomica.

Regolazione del gene Hox

I geni Hox sono geni negli esseri umani che regolano lo sviluppo del piano corporeo. Gli esseri umani hanno quattro serie di geni Hox, per un totale di 39 geni, che aiutano la differenziazione delle cellule in base alla posizione. I geni Hox sono attivati all'inizio dello sviluppo dell'embrione, al fine di pianificare lo sviluppo delle diverse strutture del corpo. Essi mostrano anche una colinearità con il piano del corpo, il che significa che l'ordine dei geni Hox è simile ai livelli di espressione dei geni Hox sull'asse anteriore-posteriore. Questa colinearità permette un'attivazione spaziale e temporale dei geni per produrre una struttura corporea adeguata.

I geni Hox sono regolati utilizzando una varietà di meccanismi epigenetici, compreso l'uso di lncRNA come HOTAIR, il gruppo di proteine Trithorax (TrxG) e il gruppo di proteine Polycomb (PcG).

Ruolo dei geni PcG e TrxG nella regolazione dei geni Hox

I geni PcG e TrxG che producono complessi proteici responsabili di continuare l'attivazione e i modelli di repressione nei geni Hox inizialmente formati dai fattori materni. I geni PcG sono responsabili della repressione della cromatina nei cluster Hox destinati ad essere inattivati nella cellula differenziata. Le proteine PcG reprimono i geni formando complessi repressivi polycomb, come PRC1 e PRC2. I complessi PRC2 reprimono trimetilando l'istone 3 alla lisina 27 attraverso le metiltransferasi degli istoni Ezh2 e Ezh1. PRC2 è reclutato da molti elementi, comprese le isole CpG. PRC1, nel frattempo, ubiquitina H2AK119 usando l'attività E3 ligasi di Ring1A/B, causando lo stallo della RNA polimerasi II. Inoltre, Ring1B, un membro del complesso PRC1, reprime anche i geni Hox con Me118, Mph2 e RYBP compattando la cromatina in strutture di ordine superiore. I geni TrxG, nel frattempo, sono responsabili dell'attivazione dei geni attraverso la trimetilazione della lisina 4 della coda dell'istone H3. I geni con marchi trascrizionali simili

tendono a raggrupparsi in strutture distinte. Nei domini
bivalenti, entrambi questi segni sono presenti, indicando geni
che sono silenziati ma che possono essere rapidamente attivati
quando necessario.

Il ruolo degli ncRNA nella regolazione del gene Hox

231 ncRNA sono presenti nelle quattro cassette del gene Hox.
Analogamente ai geni codificanti le proteine Hox, gli ncRNA
mostrano un'espressione differenziale a seconda della posizione
della cellula sugli assi anteriore-posteriore e prossimale-distale.
Questi lncRNA possono agire sia sul set di geni in cui sono
presenti, sia su un set di geni separati all'interno dei geni Hox.

HOTTIP è un lungo RNA non codificante che assiste nella
regolazione dei geni HoxA. Viene prodotto dall'estremità 5' della
cassetta del gene HoxA e attiva i geni HoxA. I loop all'interno del
cromosoma portano HOTTIP più vicino ai suoi obiettivi; questo
permette a HOTTIP di legarsi ai complessi proteici WDR5/MLL
per aiutare la trimetilazione della lisina 4 dell'istone 3.

HOTAIR è un lungo RNA non codificante che assiste nella
regolazione dei geni HoxD. Viene prodotto nella cassetta HoxC,
vicino alla divisione tra geni espressi e non espressi, e reprime i
geni HoxD. HOTAIR agisce attaccandosi a Suz12 nel complesso
PRC2, e poi guida questo complesso verso i geni da reprimere.
PRC2 quindi trimetila la lisina 27 dell'istone 3, reprimendo il
gene di interesse.

Formazione del corpo di Barr

Negli esseri umani di sesso femminile, i corpi di Barr sono definiti come il cromosoma X condensato e inattivato che si trova in ogni cellula dell'adulto. Poiché le femmine hanno due cromosomi X quasi identici, uno di essi deve essere silenziato in modo che i livelli di espressione dei geni sul cromosoma X siano del giusto dosaggio. Così, maschi e femmine hanno lo stesso livello di espressione del cromosoma X, nonostante siano nati con un X per i maschi e due per le femmine. Questo è anche il motivo per cui gli individui con la sindrome di Klinefelter, una malattia in cui più di due cromosomi sessuali sono presenti nel corpo, hanno meno sintomi rispetto agli individui con altri tipi di aneuploidia, che sono spesso fatali prima della nascita.

Il ruolo di Xist

L'inattivazione di uno dei cromosomi X è iniziata da un lungo RNA non codificante chiamato Xist. Questo lncRNA è espresso sullo stesso cromosoma che reprime, noto come lavoro in cis. Una recente ricerca ha dimostrato che un elemento di ripetizione nell'RNA di Xist fa sì che PRC2 si leghi all'RNA. Un'altra parte dell'RNA si lega al cromosoma X posizionando PRC2 in modo che possa metilare varie regioni sul cromosoma X. Questa metilazione fa sì che altri fattori come le deacetilasi degli istoni (HDAC) si leghino al cromosoma e propaghino la formazione di eterocromatina, anche nelle regioni genetiche attive. Questa eterocromatina riduce notevolmente, se non completamente, l'espressione genica del corpo di Barr. Xist sarà continuamente creato per mantenere un corpo di Barr condensato e silenziato.

Inattivazione precoce casuale del cromosoma X

Nello sviluppo embrionale, quando lo zigote è ancora composto da poche cellule, ogni cellula dello zigote sceglierà casualmente un cromosoma X da condensare e silenziare. Da quel momento in poi, le cellule figlie di quella cellula silenzieranno sempre lo stesso cromosoma X della cellula madre da cui si sono propagate. Questo crea quello che è noto come "effetto mosaico", in cui l'espressione differenziale del cromosoma X crea genotipi diversi in un singolo organismo. Questo può essere evidente o meno nelle femmine, a seconda di come i geni dei cromosomi X influenzano il fenotipo. Se gli alleli per un gene sono identici su entrambi i cromosomi X, allora non si vedrà alcuna differenza tra le cellule che hanno scelto una X piuttosto che l'altra. Se gli alleli sono diversi, per esempio, per il colore del pelo, allora si possono vedere macchie di un colore e macchie dell'altro colore. Nei gatti calico il modello a mosaico dell'inattivazione dell'X è facilmente visibile perché un gene che influisce sul colore del pelo è portato sull'X, dando luogo a macchie di colore sul pelo. Il modello a mosaico dell'inattivazione X può anche determinare quanto sia penetrante una malattia, se l'allele della malattia è presente su un cromosoma X e non sull'altro. L'organismo può avere poche cellule in cui l'allele malato non è stato condensato, portando a una scarsa espressione dell'allele della malattia. Questo si chiama inattivazione obliqua del cromosoma X.

Imprinting

L'imprinting è definito come l'espressione differenziale degli alleli paterni e materni di un gene, a causa di segni epigenetici introdotti sul cromosoma durante la produzione di uova e spermatozoi. Questi segni di solito portano all'espressione differenziale dei gruppi specifici di geni dai cromosomi materni e paterni. L'imprinting viene effettuato attraverso molti meccanismi epigenetici come la metilazione, le modifiche degli istoni, il riarrangiamento della struttura della cromatina di ordine superiore, gli RNA non codificanti e gli RNA interferenti.

Obiettivi e funzioni dell'imprinting

Un unico scopo evolutivo dell'imprinting è ancora sconosciuto, poiché i meccanismi e gli effetti sembrano essere così diversi. Un'ipotesi afferma che l'imprinting avviene per realizzare l'obiettivo evolutivo del genitore, cioè la ripartizione differenziale delle risorse. Il maschio cerca di fornire il massimo delle risorse alla sua prole in modo che i suoi geni possano essere trasmessi con successo alla generazione successiva, mentre la femmina deve dividere le risorse tra tutta la sua prole, e quindi deve limitare le risorse date.

Un'altra ipotesi afferma che l'imprinting può aiutare a proteggere la femmina dalla malattia trofoblastica ovarica e dalla partenogenesi. La malattia trofoblastica si verifica quando uno spermatozoo feconda un uovo senza nucleo e una massa simile al cancro si forma nella placenta.[7] La partenogenesi si verifica quando un uovo non fecondato si sviluppa in un organismo completamente funzionale che è geneticamente identico al genitore, che è femmina nel caso degli animali o entrambi i sessi, nel caso delle piante. Questo non avviene naturalmente nei mammiferi. Nella maggior parte degli animali, specialmente nei mammiferi, l'eredità uniparentale dei cromosomi è spesso letale o provoca anomalie di sviluppo, a volte fisiche ma spesso cognitive. Altre ipotesi indicano la funzione dell'imprinting come un modo per stabilire la giusta quantità di espressione o aploidia funzionale, un po' come il silenziamento del cromosoma X extra nelle femmine (vedi sezione sui corpi di Barr). L'imprinting può aiutare nella differenziazione delle cellule mettendo a tacere i geni della pluripotenza o altri geni dello sviluppo. A sostegno di questa ipotesi, i geni imprinted hanno dimostrato di differire nella loro espressione tra i tipi di tessuto nello stesso organismo, indicando risultati divergenti come risultato di eventi di sviluppo durante l'embriogenesi. Indipendentemente dal fatto che ci sia un unico scopo per l'imprinting, numerosi studi hanno dimostrato che un organismo normale e funzionale non può essere fatto senza i vari meccanismi di imprinting.

Igf2 e H19

Nei mammiferi, i geni imprinted sono spesso raggruppati nel genoma, probabilmente perché condividono regolatori trascrizionali o regioni di regolazione che hanno un impatto sull'espressione di più geni. È più facile per un lncRNA silenziare più geni se sono più vicini, rendendo il silenziamento più efficiente. In alcuni casi, quando un gene viene trascritto si sovrappone ad un'altra regione vicina o opposta (antisenso) ad esso, spesso silenziandolo. Nel caso dei geni Ifg2 e H19, è coinvolto CTCF, una proteina repressore trascrizionale. CTCF si lega alla regione non metilata ICR materna ma non alla regione metilata ICR paterna. ICR è una regione di controllo condivisa di Ifg2 e H19 che, quando viene eliminata, risulta nella perdita di imprinting di questi geni. CTCF lega quindi un'altra regione del cromosoma, creando un ciclo in cui Igf2 è bloccato dalla trascrizione, ma H19 non lo è, con il risultato che il cromosoma materno esprime H19 ma non Igf2. È stato dimostrato che CTCF interagisce direttamente con Suz12, una subunità di PRC2, per silenziare la regione del promotore di Ifg2 attraverso l'ipermetilazione. Al contrario, il promotore paterno H19 è altamente metilato durante l'embriogenesi in modo che Ifg2 non venga silenziato. Se CTCF non riesce a legarsi, H19 sul cromosoma materno ha un'espressione ridotta e Igf2 non viene silenziato correttamente, con conseguente espressione biallelica. I topi hanno gli omologhi di questi geni, ma li silenziano in modo diverso, dove l'espressione biallelica si verifica e poi l'RNA antisenso viene utilizzato per silenziare uno dei geni.

Igf2r e Airn

Airn è un lncRNA utilizzato per silenziare Igf2r e altri geni circostanti. Nel meccanismo di silenziamento di Igf2r, la trascrizione del lncRNA Airn mette a tacere l'espressione di Igf2r, al contrario di un meccanismo di repressione attiva. Airn è il gene antisenso di Ifg2r, quindi se Airn viene trascritto, il macchinario trascrizionale può coprire una parte o l'intera regione promotrice di Igf2r, quindi la RNA polimerasi non può legarsi alla regione promotrice di Igf2r per iniziare la trascrizione. Questo meccanismo è molto efficiente in quanto Igf2r è messo a tacere dalla trascrizione di Airn, mentre il prodotto dell'RNA mette a tacere altri geni vicini a Igf2r. I meccanismi di imprinting descritti sopra funzionano sul cromosoma in cui viene prodotto l'lncRNA Airn, ma ci sono molti altri geni imprinted che lavorano per silenziare i geni su altri cromosomi o per silenziare l'allele o gli alleli simili sul cromosoma opposto della stessa coppia. Alcuni geni imprinted codificano per elementi RNA regolatori come lncRNA, piccoli RNA nucleolari e micro RNA, quindi l'espressione di questi geni risulta nel silenziamento di qualche altro gene.

Da questi esempi, i ricercatori hanno visto modelli simili nella genetica dello sviluppo. È imperativo che molti geni siano messi a tacere al momento giusto in modo che le cellule possano mantenere la loro identità e integrità espressiva. In caso contrario, spesso si verificano sintomi come anomalie cognitive, se non addirittura la fatalità.

Ruolo di PRC2

PRC2 (Polycomb Repressive Complex 2) è un complesso di proteine che reprime la cromatina attraverso la metilazione degli istoni e lavorando per reclutare altre proteine che contribuiscono alla repressione della cromatina. La struttura di questo complesso e il gruppo di meccanismi utilizzati da questo complesso sono altamente conservati in varie specie eucariotiche. Pochissime specie hanno duplicati di questi complessi nel genoma oltre a PRC1 e PRC2.

Componenti e funzioni repressive

PRC2 è un complesso multiproteico composto da quattro subunità principali (E2H1/2, SUZ12, EED, e RbAp46/48) e tre subunità variabili (AEBP2, JARID2, e PCLs). Le tre subunità variabili sono utilizzate per la catalisi delle reazioni enzimatiche o per il legame a regioni specifiche, non per la repressione dei geni o della cromatina. Simile a un dito di zinco, AEBP2 si aggancia alle scanalature principali del DNA per assistere nel legame. PRC2 è solitamente reclutato da altre proteine o da lncRNa e poi catalizza la trimetilazione della lisina 27 delle code dell'istone 3 (H3K27me3. Si pensa che questa metilazione causi la repressione per ostacolo sterico della RNA polimerasi II. Anche se alla polimerasi non viene impedito di legarsi, la polimerasi, dopo aver iniziato la trascrizione, si ferma in corrispondenza dei segni H3K27me3. La breve trascrizione prodotta dalla pausa della polimerasi spesso recluta complessi di regolazione, come PRC2. Quindi, PRC2 reprime con due meccanismi: alterando direttamente la struttura della cromatina attraverso la metilazione o legando i trascritti.

Comportamento differenziale dovuto alla fosforilazione

PRC2 ha dimostrato in molti esperimenti di essere necessario per la corretta formazione degli organi, a partire dal mantenimento della differenziazione cellulare e dal silenziamento dei geni della pluripotenza. Il meccanismo esatto nella prima embriogenesi che induce le cellule a differenziarsi non è ancora chiaro, ma questo meccanismo è stato strettamente legato alla proteina chinasi A (PKA). Poiché il complesso PRC2 ha siti in grado di essere fosforilati e ha un comportamento differenziato basato sul livello di fosforilazione, si può fare un'ipotesi logica che PKA influenzi il comportamento di PRC2 e possa fosforilare PRC2, attivando la proteina e iniziando la cascata di metilazione che silenzia i geni.

Differenziazione precoce delle cellule

Sperimentalmente, PRC2 ha dimostrato di essere altamente arricchito presso i geni Hox e vicino ai regolatori dei geni dello sviluppo, con conseguente loro metilazione. Qualche tempo dopo il secondo o terzo evento di scissione, PRC2 inizia a legarsi a questi geni dello sviluppo, anche se hanno i marcatori per i geni altamente attivi come H3K9me3. Questo è stato descritto come la "perdita" del legame di PRC2. Il legame variabile causerà il silenziamento di alcuni geni prima di altri, causando il differenziamento, ma questo è probabilmente regolato dall'organismo. Ciò che causa la specificità del differenziamento cellulare è ancora sconosciuto, ma alcune ipotesi dicono che ha a che fare in gran parte con l'ambiente cellulare e la "consapevolezza" delle cellule le une alle altre, considerando che tutte le cellule in questa fase contengono genomi identici a questo punto. Le linee cellulari mantenute dopo questo evento di differenziazione sono in gran parte dipendenti da PRC2. Senza di esso, i geni della pluripotenza sarebbero ancora attivi, causando l'instabilità delle cellule e la reversione a uno stadio simile a quello delle cellule staminali, dove la cellula dovrebbe subire nuovamente la differenziazione per tornare al suo stato normale. Le cellule correttamente differenziate hanno i geni della pluripotenza silenziati.

Specificità di legame dovuta al reclutamento da parte di lncRNA

Anche se PRC2 sembra avere un meccanismo molto semplice e lavora su molti geni e cromosomi in tutto il genoma, spesso ha regioni di legame molto specifiche ed è stato osservato che si localizza a geni specifici per causare la loro repressione. Ricerche recenti mostrano che probabilmente lo fa attraverso il legame di RNA lunghi non codificanti (lncRNA). I geni Xist e Hox sono stati entrambi ampiamente studiati e mostrano molto bene questo meccanismo. L'lncRNA che il complesso lega non ha necessariamente bisogno di ibridarsi alla regione bersaglio per silenziarla, come evidenziato dal complesso PRC2-lncRNA che lavora su regioni diverse dalla regione da cui questo complesso è stato prodotto. Tuttavia, la configurazione tridimensionale dell'RNA spesso dà al complesso una localizzazione specifica alle regioni in cui l'RNA è stato creato per legarsi.

Mantenimento della condensazione dei cromosomi

PRC2 è anche altamente associata alle regioni intergeniche, alle regioni subtelomeriche e ai trasposoni a ripetizione long-terminale. PRC2 agisce per creare eterocromatina in queste regioni attraverso meccanismi simili a quelli utilizzati per reprimere i geni. La formazione di eterocromatina è imperativa in queste regioni per regolare l'espressione genica, mantenere la forma della cromatina, prevenire la degradazione del cromosoma e ridurre l'evento di "hopping" del trasposone o la ricombinazione spontanea.

Quindi, PRC2 non è solo essenziale per l'inizio della differenziazione nello sviluppo, ma anche per mantenere l'eterocromatina in tutti gli stadi cellulari e per silenziare i geni e le regioni cromosomiche che annullerebbero la differenziazione cellulare già avvenuta o influenzerebbero negativamente la sopravvivenza della cellula o dell'organismo nel suo complesso.

Ruolo degli lncRNA

Gli RNA lunghi non codificanti, o lncRNA, sono trascritti di RNA prodotti dalla RNA polimerasi II che non sono tradotti ma partecipano alla regolazione dell'espressione genica. Gli RNA lunghi non codificanti sono utilizzati in vari processi epigenetici nello sviluppo, compresa la regolazione dei geni Hox, così come nella creazione dei corpi di Barr.

lncRNA nella regolazione del gene Hox

Nei geni Hox, gli RNA lunghi non codificanti permettono la comunicazione tra diversi geni Hox e diversi set di geni Hox per coordinare il piano corporeo nella cellula. Un esempio di un RNA non codificante lungo che coordina tra i set di geni Hox è HOTAIR, che è un trascritto RNA prodotto nella cassetta HoxC che reprime la trascrizione di un gran numero di geni nella cassetta HoxD. Così, HOTAIR regola i geni HoxD dai geni HoxC per coordinare la trascrizione dei geni Hox.

lncRNA nella creazione del corpo di Barr

Nelle cellule umane con più di un cromosoma X, vengono prodotti due RNA lunghi non codificanti: Tsix è prodotto da un cromosoma X, e Xist è prodotto da tutti gli altri cromosomi X. Tsix è un RNA lungo non codificante che impedisce la repressione di un cromosoma X, mentre Xist è un RNA lungo non codificante che agisce per reprimere e condensare un intero cromosoma X. Le azioni di Xist servono a creare un corpo di Barr nella cellula.

lncRNA nella formazione del paraspeckle

Neat1 è un lncRNA che aiuta a formare la struttura delle strutture nucleari note come paraspeckles: corpi nucleari che contengono proteine leganti l'RNA. Essi controllano l'espressione genica nel nucleo trattenendo l'RNA nel nucleo che altrimenti altererebbe l'espressione genica. I paraspeckles formano una porzione significativa del corpo luteo dell'ovaio; nei topi Neat1 compromessi, la formazione del corpo luteo è altamente disfunzionale, causando difetti ovarici e livelli di progesterone abbassati con conseguente mancanza di gravidanza nei topi carenti di Neat1. Neat1 assiste nella regolazione dei geni luteali impedendo alla proteina Sfpq di inibire Nr5a1 e Sp1, permettendo ai geni luteali di essere regolarmente trascritti. Neat1 è regolato dalle deacetilasi degli istoni.

lncRNA nella differenziazione neuronale

Evf2 è un lncRNA che agisce nella differenziazione neuronale del proencefalo durante lo sviluppo embrionale. Evf2 è trascritto da una regione ultraconservata, o una regione che è molto altamente conservata tra la maggior parte delle specie vertebrate, all'interno della regione da Dlx5 a Dlx6. Questa regione è un bersaglio per SHH, un regolatore molto importante dello sviluppo del sistema nervoso centrale. Evf2, quando viene trascritto, recluta Dlx e Mecp2 attraverso meccanismi cis e trans-acting nella regione Dlx5/6 nel proencefalo ventrale, causando la formazione di interneuroni GABAergici nell'ippocampo. Evf2 agisce formando un complesso con Dlx4 che aumenta la capacità di attivazione e la stabilità della trascrizione di Dlx4.

Malat1, un altro lncRNA neurologico, causa un aumento della funzione sinaptica e una maggiore quantità di sviluppo dei dendriti. Gli aumenti di Malat1 aumentano la densità neuronale, mentre le diminuzioni di Malat1 diminuiscono la densità neuronale. Malat1 agisce regolando i livelli di espressione di Nlgn1 e SynCAM1 che sono geni importanti nella formazione delle sinapsi.

lncRNA nella regolazione di Igf2r

L'lncRNA Airn è un lncRNA che regola l'espressione di Igf2r. Igf2r è un gene che esprime un recettore per il fattore di crescita insulino-simile 2, e assiste nel trasporto enzimatico lisosomiale, nell'attivazione dei fattori di crescita e nella degradazione del fattore di crescita insulino-simile 2. Questo lncRNA è un RNA modificato dall'imprinting, portando all'espressione di Airn nell'allele paterno, ma non in quello materno. Airn agisce tramite silenziamento cis-acting della regione Igf2r attraverso la sovrapposizione del gene Igf2r attraverso il trascritto antisenso codificato da Airn. Airn è silenziato nell'allele materno attraverso la trascrizione di Igf2r. Nel cervello, tuttavia, gli alleli Igf2r sono entrambi espressi a causa della mediazione di Airn che viene repressa nelle cellule neuronali.

Ruolo di BRD4

La proteina 4 della bromodomina, o BRD4, è una proteina che si lega alle code acetilate degli istoni H3 e H4 per aiutare la trascrizione attiva dei geni mediante la decompressione utilizzando la bromodomina con l'assistenza del K5 acetilato su H4. BRD4 è un membro della famiglia delle proteine BET, che comprende altre proteine contenenti bromodominio e i loro omologhi in altre specie. BRD4 è una proteina che funziona sia nell'attivazione che nella repressione genica nel controllo del ciclo cellulare e nella replicazione del DNA. BRD4 funziona legandosi alle code acetilate e poi attaccandosi ad altre proteine, permettendo a queste proteine di attivare o reprimere gli istoni accanto a BRD4.

BRD4 aiuta lo sviluppo cellulare precoce attivando i geni pluripotenti attraverso l'interazione con Oct4 e il reclutamento di P-TEFb (fattore positivo di allungamento della trascrizione). Occupando i geni pluripotenti e i lncRNA di inattivazione del cromosoma X nelle loro regioni di regolazione, BRD4 aumenta l'attivazione di queste regioni del DNA. BRD4 aumenta questa attivazione reclutando P-TEFb; se BRD4 o P-TEFb non sono funzionali, la trascrizione dei geni pluripotenti è bloccata e la cellula si differenzia in una cellula neuroectodermica.

BRD4 può agire come bookmarking epigenetico durante tutto il ciclo cellulare, anche dopo la trascrizione, grazie alla sua associazione con P-TEFb, permettendo a BRD4 di migliorare RNAPII.

BRD4 assiste anche nell'iperacetilazione degli istoni nel nucleo dello sperma. L'iperacetilazione degli istoni, l'aggiunta di gruppi acetilici alle lisine sulle code amminiche degli istoni in una quantità molto più grande del normale, si crede che aiuti la rimozione degli istoni dal nucleo dello sperma.

Epigenetica dell'esercizio fisico

L'epigenetica dell'esercizio fisico è lo studio delle modifiche epigenetiche derivanti dall'esercizio fisico al genoma delle cellule. Le modifiche epigenetiche sono alterazioni ereditabili che non sono dovute a cambiamenti nella sequenza dei nucleotidi. Le modifiche epigenetiche, come le modifiche degli istoni e la metilazione del DNA, alterano l'accessibilità al DNA e cambiano la struttura della cromatina, regolando così i modelli di espressione genica. Gli istoni metilati possono agire come siti di legame per alcuni fattori di trascrizione grazie ai loro bromodomini e cromodomini. Gli istoni metilati possono anche impedire il legame dei fattori di trascrizione nascondendo il sito di riconoscimento del fattore di trascrizione, che di solito si trova sul solco maggiore del DNA. I gruppi metilici legati ai residui di citosina si trovano nel solco maggiore del DNA, la stessa regione che la maggior parte dei fattori di trascrizione usano per leggere una sequenza di DNA. Un comune tag epigenetico che si trova nel DNA è l'attacco covalente di un gruppo metile alla posizione C5 della citosina che si trova nelle sequenze di dinucleotidi CpG.[1] La metilazione delle CpG è un importante meccanismo di silenziamento trascrizionale. È dimostrato che la metilazione delle isole CpG riduce l'espressione genica attraverso la formazione di eterocromatina strettamente condensata che è trascrizionalmente inattiva. I siti CpG in un gene si trovano più comunemente nelle regioni promotrici di un gene, pur essendo presenti anche nelle regioni non promotrici. I siti CpG nelle regioni non promotrici tendono ad essere costitutivamente metilati, inducendo il macchinario di trascrizione ad ignorarli come possibili promotori. I siti CpG vicino alle regioni promotrici sono per lo più lasciati non metilati finché una cellula non decide di metilarli e reprimere la trascrizione. La metilazione delle CpG nelle regioni promotrici porta al silenziamento trascrizionale di un gene. È stato dimostrato che i fattori ambientali, compreso l'esercizio fisico, hanno un'influenza benefica sulle modifiche epigenetiche.

Effetti sul cancro

L'esercizio fisico porta a modifiche epigenetiche che possono avere effetti benefici nei pazienti con cancro. L'effetto dell'esercizio fisico sui modelli di metilazione del DNA porta all'aumento dell'espressione dei geni associati alla soppressione del tumore e alla diminuzione dell'espressione degli oncogeni. Le cellule tumorali hanno modelli non normali di metilazione del DNA, tra cui ipermetilazione nelle regioni promotrici dei geni che sopprimono i tumori e ipometilazione nelle regioni promotrici degli oncogeni. Queste mutazioni epigenetiche nelle cellule tumorali causano la crescita e la divisione incontrollata della cellula, con conseguente tumorigenesi. L'esercizio fisico ha dimostrato di ridurre e persino invertire queste mutazioni epigenetiche, aumentando i livelli di espressione dei geni che sopprimono il tumore e diminuendo i livelli di espressione degli oncogeni.

Si pensa che l'ipermetilazione nelle regioni promotrici dei geni soppressori del tumore contribuisca a causare alcune forme di cancro. L'ipermetilazione nelle regioni promotrici dei geni soppressori del tumore APC e RASSF1A sono marcatori epigenetici comuni per il cancro. Il gene APC funziona per assicurarsi che le cellule si dividano correttamente e mantengano un numero corretto di cromosomi dopo che la divisione è stata completata. Il prodotto del gene RASSF1A interagisce con la proteina di riparazione del DNA XPA. L'esercizio fisico ha dimostrato di diminuire e persino invertire queste ipermetilazioni del promotore, abbassando il rischio di sviluppo del cancro. I modelli di ipermetilazione diminuiti rivelano una regione promotrice trascrizionalmente accessibile, permettendo una maggiore espressione dei geni soppressori del tumore.

L'esercizio fisico aumenta i livelli di eustress, o stress buono, sul corpo. Questo eustress stimola le modifiche epigenetiche che influenzano il genoma del DNA delle cellule tumorali. Le condizioni ambientali, come l'eustress, inducono fortemente l'espressione del gene TP53, soppressore del tumore, influenzando le modifiche epigenetiche da apportare al genoma delle cellule tumorali. Il gene TP53 codifica per la proteina p53, una proteina importante nella via apoptotica della morte cellulare programmata. La proteina p53 è importante per la regolazione della crescita cellulare e dell'apoptosi, quindi l'ipermetilazione della regione del promotore TP53 sono marcatori comuni associati allo sviluppo del cancro. Oltre ai modelli di metilazione che influenzano l'espressione di TP53, i microRNA e gli RNA antisenso controllano i livelli della proteina p53 regolando l'espressione del gene TP53 codificante.

Cancro al seno

In uno studio sugli effetti epigenetici dell'esercizio fisico sul cancro al seno nelle donne, sono stati raccolti campioni di sangue da pazienti con cancro al seno prima e dopo 6 mesi di esercizio aerobico di moderata intensità. Il gruppo di prova ha sperimentato 129 minuti di esercizio in media a settimana rispetto ai 21,8 minuti a settimana del gruppo di controllo. Lo studio ha trovato 43 geni con cambiamenti significativi nella metilazione del DNA. Dei 43 geni, 3 dei geni che hanno sperimentato ridotti livelli di metilazione erano direttamente correlati con una maggiore sopravvivenza del cancro al seno. Il gene L3MBTL1, un noto soppressore del tumore, aveva livelli di metilazione diminuito di 1.48% nel gruppo di esercizio, mentre il gruppo di controllo limitato esercizio sperimentato un aumento di metilazione 2.15%. La diminuzione dell'1,48% nella metilazione di L3MBTL1 ha portato a una maggiore espressione del soppressore tumorale, mentre l'aumento del 2,15% nella metilazione sperimentato dal gruppo di controllo di esercizio limitato ha portato a una diminuzione dell'espressione. I risultati dello studio hanno mostrato che i pazienti che hanno esercitato regolarmente avevano livelli di metilazione inferiore e maggiore espressione genica di L3MBTL1. Queste pazienti hanno anche sperimentato una riduzione superiore al 60% del rischio di morte per cancro al seno rispetto alle pazienti nel gruppo di esercizio limitato.

Effetti sull'invecchiamento

Metilazione del DNA

Si è visto che anche i meccanismi epigenetici influenzati dall'esercizio fisico sono coinvolti nei processi legati all'età. Una componente importante dell'invecchiamento è la perdita significativa di metilazione del DNA nel tempo. La deossicitidina metilica, che è una citosina metilata sul carbonio 5' di una citosina, è coinvolta nel processo di differenziazione e mantenimento delle cellule. La differenziazione cellulare comporta la metilazione di diverse aree all'interno del DNA di una cellula, che può alterare la trascrizione dei geni. Durante la differenziazione cellulare, la metilazione del DNA è importante per stabilire l'identità e la funzione di una cellula a causa del suo ruolo nel controllo dell'espressione genica. Un recente studio che ha esaminato la metilazione del DNA del genoma dei neonati e degli esseri umani di 100 anni o più ha scoperto che gli individui più anziani avevano una metilazione globale del DNA significativamente diminuita. Man mano che si invecchia, la quantità di metilazione del DNA comincia lentamente a diminuire.

Gli studi hanno anche esaminato i residui di metildeossicitidina da tessuti raccolti da roditori a varie età. Questi studi hanno trovato che la perdita di metilazione del DNA è aumentata significativamente con l'invecchiamento del roditore. Quindi, l'invecchiamento è legato a una significativa perdita di metilazione del DNA. Tuttavia, questa perdita di metilazione del DNA sembra essere rallentata dall'esercizio fisico in rare condizioni, in generel questo effetto non è molto ben studiato e finora sembra che non ci sia una connessione tra metilazione del DNA e attività fisica. Altri studi hanno esaminato gli effetti dell'esercizio fisico sulla metilazione del DNA e l'invecchiamento negli esseri umani.

Un altro componente dell'invecchiamento è il graduale accorciamento dei telomeri situati alla fine dei cromosomi. I telomeri sono sequenze ripetitive situate alla fine dei cromosomi il cui scopo è quello di rallentare il processo di accorciamento e il danno cellulare che si verifica dopo ogni divisione cellulare, nonché di stabilizzare le estremità del DNA. L'invecchiamento e le malattie legate all'età sono associate al significativo accorciamento di queste sequenze. Il restringimento dei telomeri avviene nelle cellule somatiche in cui la telomerasi, l'enzima che controlla l'allungamento dei telomeri, non è espresso.

Tuttavia, si è visto che i telomeri possono trascrivere RNA non codificanti, o RNA funzionali che non vengono tradotti in proteine. La ricerca ha dimostrato che alcuni degli RNA non codificanti trascritti nei telomeri sono coinvolti nella formazione dell'eterocromatina e nella stabilità dei telomeri. Questi RNA non codificanti possono essere influenzati positivamente dall'esercizio fisico. In particolare, uno studio ha scoperto che i topi esposti a fasi di corsa a breve termine avevano un aumento della trascrizione di RNA non codificanti nei telomeri rispetto ai controlli sedentari. Questo aumento della trascrizione dell'RNA non codificante ha favorito la stabilità dei telomeri, rendendo i telomeri del gruppo di esercizio meno soggetti all'invecchiamento nel tempo. Contribuendo ad aumentare la stabilità dei telomeri, l'esercizio fisico può avere un impatto positivo sull'invecchiamento, aiutando a diminuire l'accorciamento dei telomeri.

Effetti sui processi metabolici

Oltre a ristrutturare il sistema muscolare e scheletrico per gestire meglio lo stress meccanico, l'esercizio fisico influenza anche l'espressione genica rispetto al metabolismo. Gli effetti sono diffusi e possono influenzare qualsiasi cosa, dalla crescita muscolare alla resistenza aerobica al diabete e altri disturbi metabolici.

In generale, anche una piccola quantità di esercizio può indurre l'ipometilazione dell'intero genoma nelle cellule muscolari. Questo significa che molti geni regolatori possono essere attivati per percorsi come la riparazione e la crescita muscolare. L'intensità dell'esercizio è direttamente correlata alla quantità di demetilazione del promotore, quindi un esercizio più faticoso attiva più geni.

I microRNA (miRNA) interferiscono con l'mRNA presente e lo rendono inutilizzabile e quindi diminuiscono il prodotto di quell'mRNA. I miRNA regolano molti processi fisiologici, come l'infiammazione, l'angiogenesi (la creazione di vasi sanguigni), così come la prevenzione dell'ischemia (la restrizione del flusso di sangue all'interno dei vasi). L'esercizio aerobico riduce il numero complessivo di vari miRNA all'interno del muscolo scheletrico che producono effetti negativi. Gli stimoli che inducono il corpo a entrare in una fase anabolica, o costruttiva, come l'allenamento di resistenza così come la dieta corretta, ha anche mostrato una riduzione dei miRNA. Questa riduzione può effettivamente giocare un ruolo nella crescita della cellula muscolare.

Le deacetiltransferasi dell'istone di classe IIa (HDAC) sono altamente espresse nei muscoli scheletrici umani. L'esercizio fisico aiuta a ridurre la loro attività, soprattutto a livello dei promotori, il che influisce sull'espressione genica. Nei topi, questa regolazione di HDAC5 ha dimostrato di aumentare la quantità di fibre di tipo I nel muscolo. Le fibre di tipo I sono fibre a contrazione lenta, fibre di resistenza. Questi dati concordano con quelli umani che dicono che la quantità di fibre di tipo I è positivamente correlata alla capacità aerobica massima.

Ha anche suggerito che la quantità di fibre di tipo 1 è correlata a un istone acetiltransferasi (HAT) che è coinvolto nella differenziazione degli osteoblasti e nella formazione ossea.

Diabete

Gli individui con diabete di tipo II hanno ipermetilazione di diversi geni all'interno del muscolo, come il recettore gamma attivato dal proliferatore del perossisoma (PPAR-γ) e il coattivatore 1 alfa (PGC-1α). L'ipermetilazione di questi geni diminuisce l'espressione sia del DNA mitocondriale che dell'mRNA di PGC-1α. L'esercizio fisico è un modo per prevenire e trattare questi effetti aiutando a ipometilare PPAR-γ e PGC-1α. Inoltre, l'esercizio aumenta anche l'espressione del trasportatore di glucosio di tipo 4 (GLUT4), che aiuterà anche con i sintomi del diabete.

Effetti sulla cognizione

L'esercizio fisico provoca quattro tipi di alterazioni epigenetiche che influenzano la cognizione. Un'ampia rassegna del 2017 descrive gli effetti dell'esercizio sul cervello dovuti a (1) metilazione del DNA, (2) acetilazione degli istoni, (3) metilazione degli istoni e (4) espressione dei microRNA, e le conseguenze di queste alterazioni sull'apprendimento e la memoria (cognizione).

Metilazione del DNA

Come riassunto nella revisione 2017, nei ratti, l'esercizio migliora l'espressione del gene Bdnf, che ha un ruolo essenziale nella formazione della memoria. L'aumento dell'espressione di Bdnf avviene attraverso la demetilazione del suo promotore dell'isola CpG all'esone IV. La demetilazione è attuata in parte attraverso le azioni della timina-DNA glicosilasi e il sistema di riparazione dell'escissione della base.

L'esercizio fisico diminuisce l'espressione dell'ippocampo degli enzimi metilanti del DNA repressivi del gene DNMT1, DNMT3a e DNMT3b. L'ippocampo ha importanti funzioni nella memoria, nella navigazione spaziale e fa parte del sistema di ricompensa. L'esercizio fisico attenua anche i cambiamenti di metilazione globale indotti dallo stress.

Acetilazione dell'istone H3

L'esercizio fisico provoca l'acetilazione dell'istone H3 nella regione promotrice dell'esone IV del gene Bdnf essenziale per la formazione della memoria. Questa acetilazione contribuisce all'upregulation di Bdnf negli ippocampi cerebrali dei ratti.[15] Due settimane di esercizio su tapis roulant migliorano le prestazioni di memoria in un compito di evitamento inibitorio.

Metilazione dell'istone H3

La metilazione dell'istone può causare la repressione della trascrizione. La lisina può subire mono-, di- e tri-metilazione. La

di- e tri-metilazione dell'istone H3 alla lisina 9 (H3K9) è legata
alla repressione della trascrizione. Topi carenti di un particolare
gene istone-metiltransferasi, KMT2A (noto anche come MLL1),
nei neuroni eccitatori adulti mostrano problemi nei compiti di
memoria dipendenti dall'ippocampo.L'invecchiamento induce
diminuzioni nella metilazione globale di H3K9 nell'ippocampo.
Tuttavia, l'esercizio fisico contrasta le diminuzioni indotte
dall'invecchiamento nella metilazione globale di H3K9.

microRNA

Le cellule eucariotiche possono comunicare direttamente tra
loro attraverso il contatto cellula-cellula o a distanza secernendo
fattori solubili come ormoni, fattori di crescita, citochine e
chemochine. Sia l'RNA che i microRNA (miRNA) possono essere
trasferiti funzionalmente da un donatore a una cellula ricevente
attraverso vescicole derivate dalla membrana chiamate esosomi.
Analogamente agli ormoni, i miRNA vengono rilasciati nella
circolazione (chiamati miRNA circolanti o c-miRNA), per
influenzare le cellule di tutto l'organismo. I c-miRNA sono
trasportati da esosomi, lipoproteine ad alta/bassa densità, corpi
apoptotici e proteine leganti l'RNA. Una sessione di esercizio
fisico aumenta i livelli di c-miR-223 nella circolazione in giovani
uomini sani, mentre la mancanza di miR-223 porta a deficit di
memoria ippocampale-dipendente e alla morte delle cellule
neuronali.

Con ulteriori conoscenze dei percorsi epigenetici, l'esercizio continuerà a mostrare i suoi benefici in tutte le fasi della vita, tra cui ma non limitato alla prevenzione e trattamento del cancro, invecchiamento, metabolismo e disturbi metabolici come il diabete e la cognizione.

Capitolo Otto
Studi sull'espressione genica nell'IPF

Gli studi sul profilo di espressione genica hanno dimostrato che sono presenti cambiamenti trascrizionali nel parenchima polmonare di individui con IPF. I cambiamenti di espressione genica sono abbastanza drammatici e coinvolgono un gran numero di geni, generalmente intorno all'ordine di alcune migliaia di geni differenzialmente espressi. Nel complesso, questi studi hanno costantemente identificato geni e percorsi simili che sono differenzialmente espressi nei polmoni fibrotici, vale a dire, geni associati alla formazione della matrice extracellulare, alla degradazione e alla segnalazione, marcatori muscolari lisci, fattori di crescita e geni che codificano le immunoglobuline, i complementi e le chemochine. Alcuni di questi studi hanno identificato con successo i profili trascrizionali associati alla rapida progressione della malattia e alle esacerbazioni acute nell'IPF. Un lavoro più recente del nostro laboratorio ha anche identificato un sottogruppo di soggetti IPF con un'aumentata espressione dei geni del cilium che è anche associata a una più estesa alveolatura microscopica, una maggiore espressione del gene della mucina delle vie aeree MUC5B e una migliore sopravvivenza in una coorte indipendente di pazienti IPF.

Ruolo delle esposizioni ambientali nella fisiopatologia dell'IPF

Gli studi epidemiologici hanno mostrato associazioni tra l'esposizione ad agenti ambientali inalati e lo sviluppo di IPF. Questi studi sono stati in gran parte di tipo caso-controllo e dimostrano solo un'associazione e non la causalità. Il fumo di sigaretta è l'esposizione più prevalente che è stata collegata allo sviluppo dell'IPF. Un certo numero di studi caso-controllo, rivisti da Research, hanno mostrato un'associazione positiva tra il fatto di aver fumato in passato, e in alcuni studi in particolare, e lo sviluppo dell'IPF. La storia del fumo è stata anche associata a una sopravvivenza più povera, con due di questi studi che hanno dimostrato una prognosi peggiore per gli ex fumatori rispetto ai fumatori attuali. Studi caso-controllo hanno anche stabilito un legame tra l'esposizione professionale e lo sviluppo dell'IPF, compresa l'esposizione a polvere di legno, polvere di metallo, silice, polvere tessile, e possibilmente agricoltura, allevamento e bestiame]. È importante notare che molti individui senza storia di fumo o esposizione professionale rilevante sviluppano l'IPF, evidenziando il fatto che la predisposizione genetica è anche un fattore critico nello sviluppo di questa malattia.

A differenza del corredo genetico di un individuo, i segni epigenetici possono essere influenzati da esposizioni, dieta e invecchiamento. Gli esperimenti seminali di Randy Jirtle hanno dimostrato che la dieta materna integrata con donatori di metile (acido folico, vitamina B12, colina e betaina) sposta la distribuzione del colore del mantello della progenie verso il fenotipo marrone pseudoagouti, e che questo spostamento nel colore del mantello è risultato da un aumento della metilazione del DNA in un trasposone adiacente al gene agouti. Questi studi hanno anche rivelato che i topi con colore del mantello giallo sono obesi e sono più inclini a sviluppare il cancro, suggerendo per la prima volta che i cambiamenti nella metilazione del DNA causati dalla dieta possono essere collegati allo sviluppo della malattia. Altri studi hanno poi dimostrato che esposizioni come pesticidi e fungicidi e particelle PM2.5 potrebbero alterare il metiloma, e che l'invecchiamento è anche associato a cambiamenti nella metilazione del DNA e nell'espressione genica.

I primi studi hanno dimostrato il legame tra l'esposizione al fumo di tabacco e il cancro ai polmoni attraverso la metilazione delle isole CpG associate ai geni del cancro come p16. Diversi studi più recenti hanno esaminato la relazione tra l'esposizione al fumo di sigaretta e segni epigenetici nel contesto dell'esposizione stessa e non legato ad alcuna malattia. L'esposizione al fumo di sigaretta ha anche dimostrato di avere una significativa influenza sull'espressione dei miRNA in cellule epiteliali bronchiali umane polmoni di topi e ratti esposti al fumo di sigaretta. Tutti e tre gli studi hanno mostrato l'effetto predominante di esposizione al fumo è la downregulation dei miRNA, con sostanziale sovrapposizione tra topi e ratti e una certa sovrapposizione dei cambiamenti di espressione dei miRNA roditori nel polmone con quelli osservati nell'epitelio delle vie aeree umane. Tuttavia, i meccanismi che collegano il fumo di sigaretta a uno qualsiasi di questi cambiamenti epigenetici non sono stati chiaramente definiti, sollevando così l'incertezza circa il rapporto di causa ed effetto tra fumo di sigaretta e segni epigenetici. Nonostante alcune somiglianze nei profili epigenomici del fumo di sigaretta tra campioni umani e modelli animali, non ci sono abbastanza prove a questo punto per sostenere l'uso di modelli animali di esposizione al fumo negli studi epigenomici di IPF. Infine, l'esposizione in utero al fumo di sigaretta si traduce in metilazione differenziale e downregulation di miRNA nella placenta, sangue del cordone ombelicale o sangue periferico dei bambini, suggerendo effetti transgenerazionali di esposizione al fumo.

Ruolo della regolazione epigenetica del sistema immunitario

Un gran numero di prove suggerisce che i meccanismi epigenetici influenzano l'espressione delle citochine e il legame dei fattori di trascrizione che controllano il lineage delle cellule Th1, Th2, Treg e Th17. Anche se l'infiammazione cronica potrebbe non essere così importante nella patogenesi della malattia come si supponeva una volta, si pensa ancora che il sistema immunitario e infiammatorio abbia un ruolo nello sviluppo della IPF. I primi studi hanno dimostrato che le cellule mononucleate erano il tipo di cellule predominante negli infiltrati interstiziali dei pazienti con IPF e che le cellule T CD4 del sangue periferico dei pazienti con IPF avevano caratteristiche tipiche della risposta patologica mediata dalle cellule. Studi più recenti hanno dimostrato un'alterazione globale delle Treg nell'IPF che è fortemente correlata alla gravità della malattia e un'associazione della downregolazione di CD28 sulle cellule T CD4 circolanti con una cattiva prognosi nei pazienti con IPF. Pertanto i segni epigenetici delle cellule immunitarie possono dimostrare di avere un ruolo importante nello sviluppo dell'IPF.